文經文庫
283

職場2勢力

Two Forces of Career

邱文仁　黃至堯　著

文經社

前言——找出職場上的倚天劍與屠龍刀

邱文仁

世界上最難的兩件事，一是把自己腦袋裡的想法放進別人腦袋裡；二則是把別人口袋中的錢放進自己口袋中。

這句話用在職場裡也很貼切，老闆最需要的就是能有這「兩力」的員工。能把自己腦袋裡的想法放進別人腦袋裡——這是行銷力；至於能把別人口袋中的錢放進自己口袋中——這就是業務力了。

二〇〇九年十月，正值金融海嘯後的恢復期，我與黃至堯先生針對職場眾多上班族的需要，合著了《左手行銷力、右手業務力——職場必修的2堂課》一書，出版後立刻受到讀者的歡迎，成了當年很熱門的話題書。

如今回頭一看，雖然內外在的環境都在轉變，但書裡的內容依然經得起時間考驗。尤其我在書裡一開始就提到：

有職場經驗的人都知道，行銷力與業務力，就是職場上的倚天劍與屠龍刀。所以培養過無數超級業務員的遠雄集團董事長趙藤雄說：「全世界六成以上的成功企業家，都是業務出身，就連王永慶、郭台銘都跑過業務。」

在職場上，無論經濟景氣如何，失業率升降，企業規模大小，公司永遠需要，也永遠感覺不夠的，就是具有行銷力與業務力的員工。

《左手行銷力、右手業務力——職場必修的2堂課》出版至今兩年了，我感到大家對於這方面的資訊，有著迫切的需要。於是，我與黃至堯先生繼續合作，寫了這本《職場2勢力》。

和第一本不一樣的是，本書更符合職場現況。二〇〇九年第三季，金融海嘯的陰霾好不容易慢慢散去，但也不過短短一兩年，「歐債危機」又牽動了全球經濟，台灣也不能倖免。

因為外在環境的詭譎多變，台灣的科技新貴、金融新貴已成歷史名詞，取而代之的新名詞「無薪休假」或「白領菁英弱勢」時，上班族不可免的，又得經歷一次職場的大變動、大風浪。

但不管外在的環境有多惡劣，資源有多匱乏，人總要想出破繭而出的作法。而且人越是在困頓的環境，越能發揮潛能及智慧。

在本書中，我藉由真實的職場故事，例如找工作投了三百次履歷表，面試三十幾次都失敗，但現在卻是企業老闆的例子；或是在職場上慘遭鬥爭落敗，但憑藉著第二專長及人脈翻身的職場故事；以及學歷不高、面臨公司倒閉的業務，卻能起死回生的真實故事等等；藉此來鼓勵正在惡劣環境奮鬥的上班族，只要你擁有「行銷力與業務力」，就一定能反敗為勝。

另外在這本書裡，我也提到了很多小資本創業（甚至無資本創業）老闆的故事。尤其是在歷經金融海嘯那一年，我深深領悟「全職、兼差、派遣、失業、創業」，都有可能是每一個人生涯拼圖的一塊。

如果沒有工作機會了，創業也是一個方法；但創業成功的難度，還是高於找到一份工作的難度。所以，你無須害怕，但是需要有技巧、有方法，才能提高成功的機會。

這本書所介紹的成功案例，都有極具創意的行銷力與業務力（加上不懈怠的執行力），他們都不是含著金湯匙出身的平民英雄，因此他們的想法與作法，更值得我們參考。

當然，講到台灣的上班族的未來，我還是不可避免地要提到「大陸的工作機會」。面對經濟急速發展的大陸市場，台灣的上班族可以選擇不要去，但卻不能不知道。

本書另一位作者黃至堯先生，是投身兩岸人力資源界超過十年以上的顧問及業務高手。由他第一手的觀察及描述，必能協助台灣上班族更加的了解大陸求職市場的現況，也能由此正確的評估自身的位置及競爭力。

在本書中，我們也特別提到目前兩岸的企業主管，都對於領導組織裡的「七年級」（大陸稱八〇後）感到格外的棘手。

現在的年輕人由於吸收資訊的「載具」發達，比上一輩的人擁有數十倍的速度來接受多元的資訊，加上兩代之間的交流不足，於是年輕世代進入職場後，與長官產生不理解、無法合作的狀況層出不窮。

在這樣世代交替（或者說是世代戰爭）的過程裡，年輕人的想法和主管往往落差極大，職場中的高流動率更甚於以往，造成企業極大的損失。如果企業主管想要領導年輕世代，也需要透過其行銷力。

另一方面，企業甄選接班人或重要幹部，比甄選年輕世代更加茲事體大。幸好，市場上已經有更科學的工具協助，幫助企業在這件重要的事情上，降低選擇錯誤的機會。

好的業務人員不等於好的主管，但是，好的主管（領導者），肯定能擁有讓部屬跟著他行動的行銷力。

最後，我要再次強調，行銷力與業務力，是職場必備的基本功。擁有基本功的上班族，只要有些小小的改變，就可以讓你的挫折感降低，成功快十倍。

打算擁有豐富人生的你，從現在起，至少要有二年行銷與業務工作的磨練，然後，你就可以手握倚天劍與屠龍刀，無往不利了。

目次

1

為職場競爭力暖身

2

一個不可輕忽的職場

3
職場需要的行銷力

4

職場需要的業務力

為職場競爭力
暖身

1
CHAPTER ONE

當「犬」遇上「貓」

主管要駕馭「貓」型員工，
就要切記，
你不能是他的主人，
必須是他的「朋友」。

去年，因為換工作的關係，我有機會又多帶了幾位七年級同仁。在與他們相處的過程中，有許多新的體會和想法。

「七年級」是民國七十年後出生的同事，也就大約等於大陸人常講的「八〇後」（一九八〇年後出生的），和其它世代一樣，存在著不同的典型。

我先討論的是一種能力不錯，有潛力，可稱之為「貓」型員工的類型。

無論你在公司裡，擔任的是什麼職務，都一定要多瞭解「貓」型員工。因為「貓」型員工正以年輕一代為中心，緩慢且穩定地增加中。

先講一個我在之前公司的有趣經歷好了。

某次，在一個活動中，我的主管看到會場中某張桌子沒有對正，就很大聲的喊著：「喂！桌子沒對齊，誰來搬一下？」

五年級後段班的我，是聽指令的「犬」型員工。聽到老闆大聲說話，一向只懂得捲起袖子往前衝。

於是，我馬上衝到「案發現場」。沒想到，我被站在旁邊的「八〇後」部屬一把拉住，她在我耳邊小聲說：

「總監，需要這麼緊張嗎？我覺得這世界上沒有事情值得用跑的！」

我吃驚的看著這個美麗的女生，緊張又迷惑的問她：

「那你說說看，我現在應該怎麼辦？」

她說：「我們兩個就『走』過去，一起把桌子移正就好了。」

說罷，我們就「走」過去，一起處理了這件事。

搬完桌子後，我就繼續跟她閒聊幾句，她告訴我，她之所以在公司裡，仍然堅持一直穿著高跟鞋，就是不願意一直被人「使喚著」搬東西。

咦？「搬東西」有這麼難嗎？我很少想這個問題。她告訴我說：

「總監，沒有人會因為我很會搬東西而覺得我很棒的！」

因為她把我當朋友，於是，她接著又告訴我關於她的生涯規劃，例如她這兩年想做什麼？想磨練什麼？累積什麼？

顯然她是一個生涯規劃做得很好的「八〇後」。「貓」型的她，喜歡做「含金量」高的工作，她說，這樣對她的未來比較有幫助。

這個女生，平常在她的本業上表現很好；還有辦法用流利的英文寫新聞稿。我不會因為她跟我不同，就不喜歡她。

坦白說，她講得有錯嗎？

根據日本作家山本直人的定義，所謂「貓」型員工，特徵如下：

①與其捨己奉公，寧願珍重自我。

②雖然討厭汲汲營營，一旦碰上該做事的時候，他們還是會努力完成。

③認定可透過能力所及的事情來磨練本領。

④與了不起的目標相比，認為自己每天過得幸福比較重要。

其實，這種既堅毅強韌，且飽含彈性的工作方式，的確是目前企業所需要的員工特質。金融海嘯後，人人都看到企業的無奈和無情，於是，過去幾十年來那一套

「員工忠誠的依附企業」這種理論，恐怕也很少人會再相信。

如果要領導貓型員工，不但要瞭解他們，還要用對的方式領導他們。我的想法如下：

一、瞭解他們的想法

要把他們放在「對」的位置，或至少抓一個比例。

只要讓貓型員工有機會做某些自己想做的工作，他們就會從中以實現自我來獲得滿足，這樣他們就會更加賣力。

在工作任務的安排上，讓年輕世代有機會經歷某個新的工作內容；一旦他們有了很大的創意空間及主導權，結果也就會出乎我們的想像。例如過去我曾讓行銷團隊發想「求職防騙」的影音素材，讓他們構思腳本並親自演出，有計畫地刺激他們的想像力及執行力。一旦成功，他們也會因此而更加的有自信，對組織而言也有加分作用。

二、瞭解他們的表情

年輕世代沒表情，並非他們沒有禮貌，而是因為在他們腦中，根本不覺得「表面工夫」是重要的。

貓不如狗來得熱情，但根據我的經驗，貓型員工並非不懂得感謝曾經協助他們的同事，只是他們不熱衷於表達謝意。

因此，身為貓型員工的主管，在伸出援手之後，就要輕輕放下。貓型員工不像犬型員工，比較不願意表達謝意。

除此之外，還要試著尊重貓型員工偏好自由的工作型態。如果希望他們發揮力量，就要試著放手不干涉。一直干涉貓型員工，他很快就跑掉了。

所以山本直人說：「貓型員工是重視自我成長，對短期評價敏銳，並且慣於要求報酬必須符合時價的一群。」

他們將過去職場的「忠誠」、「升遷」拋之在後，取而代之的則是忠於自我專業，工作與遊樂並重。

三、當他們的「朋友」

主管要駕馭貓型員工，就要切記，你不能是他的主人，必須是他的「朋友」。

「從專業出發，不要搞其他的動作」，這是貓型員工的心聲。

新一代的員工，早已經不吃訓話這一套。主管要能像做朋友一樣，跟員工打成一片，才能讓員工把該聽的叮嚀聽進去。

看到以上建議，身為主管的四、五、六年級生，也許會覺得自己真命苦。但這沒辦法，長江後浪推前浪，前浪不融入後浪裡，最後浪就不見了。

面對新世代的湧入職場，企業裡的每個人（也包括本身是七年級的員工），都不得不學習如何面對這群新人類，並要善用他們。

只要懂得與他們相處，並且喜歡他們，他們就會是可以發揮貢獻的好人才。

練習，讓我更有自信

無論面試，或面對會議的提案、公開的演講，
就算是烹調、英文、游泳等等，
只要你對任何事缺乏自信，
「練習」都是個好方法。

職場裡的其他能力都還容易培訓，業務力與行銷力就難多了。行銷力之所以不容易獲得，就是在於「說服他人」，本來就是一件不容易的事。業務力就更難了，因為「說服他人」之後，還要把「對方口袋裡的錢掏出來」，不用說，難度當然更高。

關於溝通表達能力，唯有透過不斷練習。

行銷與業務的能力強不強，牽涉到你的「溝通表達能力」，而「溝通表達能力」在你進入工作前的「面試」階段，就已經被考驗了。到底有效的「溝通表達能

力」要如何培養？我想以我的親身經歷來分享。

多年前有一次面試，主管馬上錄取了我。後來，他告訴我：

「我面試了一百多人，你是『唯一』那個我想要『立即錄取』的人。」

當時的我資歷並不漂亮，外表也胖胖的。我想，他錄取我的理由，是我的面試過程，讓他覺得我「素質」很不錯。

跟他工作一兩年後，我曾告訴他：

「我能面試表現得好，跟我『不斷的練習』大有關係。」

在那次面試前，我買了一本《面試一百題》的書。我把答案遮起來，自問自答的，把一百題練習完。

每一題，我都先問自己，如果面試時被問到這題，我該如何回答？

我先思考過這個題目，假設我站在主考官的立場，會期待聽到甚麼？再自問自答，然後，我再「參考」書中建議修改我的答案。

但有一點很重要，我只會把書中建議當作「參考」而已。

每一題，我會根據自己的情況，修一修我的說法，不會照單全收書中的建議。

這樣一百題練習下來，當然要花許多時間。雖然面試的考題不見得全中，但因為有充分準備，即使是面試這種很緊張的狀況，我的表現都會比他人更有自信，如果碰到無法馬上答出來的考題，我也並不會很緊張。

後來，我把我準備面試的過程，告訴當時的主考官。他笑著說：

「真的很少人是這樣準備的啊！難怪表現得好。」

同樣的，面對會議的提案、公開的演講，事前的練習很重要。

我過去演講了五百多場，曾經面對個位數的聽眾，也曾面對數千人，不過，從來沒有害怕過。

其實，我的第一場公開演講，嚴格說起來，應該說是第二十一場，因為我在家裡已經對著鏡子練習二十次。練習得足了，就不容易感到緊張。

所以，如果你對任何事沒有自信，就算是烹調、英文、游泳等等，「練習」是個好方法。

過程中即使有挫敗，也無須介意，因為，只要純熟了，成就感就會慢慢出來。

關於溝通表達能力，透過用心練習，能讓你更有自信。「用心練習」也是唯一讓你進步的好辦法。

沒人緣就是行不通

「好感度」差，
就會沒人緣。
你愈討人喜歡，
就愈可能「獲得」對自己有利的選擇。

有次我和某企業主聊天，他談到，某個部屬做事很認真，但是因為人緣不好，就是無法升上經理。我問他：

「人緣真的那麼重要嗎？」

企業主很堅定的對我說：「是，很重要！」

他說這個部屬，經他兩年來觀察，幾乎沒有朋友。也因為如此，他認為這位部屬如果晉升了，在領導上會缺乏手腕，根本無法帶得動團隊；而對外，也會無法整合人脈資源，創造更大的價值。

沒錯，做人和做事往往是兩回事。

但在職場中，如果人緣好，無形中多了很多資源，做事也會更順利。

我就曾經碰過類似情形。

有一個舊識，想跟我合作某個生意。他表面上看起來，學歷、經歷條件很不錯，但我就是一直覺得很猶豫。

到底是哪裡出了問題呢？後來我明白了，我和他表面看起來可以，但實際上無法合作的原因之一，就是他的「好感度」出了問題。

和他一起出席活動，我遇到幾位商場上的朋友。但他總是找抽菸、上廁所等理由離開，連招呼都不打。

雖然在我面前時，他看起來很有自信；但是遇到別人時，他的孤僻讓我聯想：以後和他合作生意，當他代表我出去談事情時，他會不會幫我「得罪朋友」啊？

平日他在講話的表情上，也有「人際方面」的問題。

一起用餐時，他對服務人員的用詞及表情，常常讓服務人員不舒服（雖然我很確定他不是故意刁難人家），不過，和他對座的我，可以清楚看到服務人員的轉身後「不悅」的表情。

在對答時，他常常對於我認為芝麻蒜皮的小事窮追不捨，不瞭解他的人，會覺得他挑剔及刻薄（雖然他的問題不一定有錯，求知也是一件好事）。

還有，在約見面時，他總是遲到一些。雖然不是遲到很久，但遲到三次以上，就足以讓人心生厭煩了（即使是朋友，我還是會聯想時間管理的問題）。

再加上，他講話時，常會大聲的打哈欠，雖然認識很久了，但是，打哈欠遮嘴，是我認為的基本禮貌。就算是熟人也是一樣。

小小的缺點，嚴重影響到一個人的「好感度」。「好感度」差，就會沒人緣。沒人緣，就是缺乏敏銳度及關懷。

工作中，人常要作選擇；你也會希望找到有才幹的人共事。但當兩個人都有才幹時，你會選擇你比較喜歡的那位。

如果你是老闆，當你要求員工加班時，如果員工喜歡你，他就會更加賣命希望你能成功。

也就是說，你愈討人喜歡，就愈可能「獲得」對自己有利的選擇。

所以，提升自我的好感度，是非常重要的事情。因為在現在的社會做事，沒人緣根本行不通。

不要和老闆的磁場對抗

有禮貌，
別人才聽得懂你的話。
職場上的禮貌不是虛偽，
而是讓別人願意接受你的一種身段。

職場人要懂得禮貌，原因很簡單。因為有禮貌，就會讓你看起來像個好人；相反的，缺乏禮貌的人，就算你是好人，看起來也就只能像個壞人。在職場裡有些人，雖然本質很好，卻只因一時忽略了禮貌，造成與他人之間難以挽回的嫌隙。

T小姐，跟著主管到外地打拚新事業。T能力好，反應快，對主管忠心。她的主管文質彬彬，也很有耐心。兩人一文一武，可謂最佳拍檔。

但是，人與人熟悉之後，就容易忽略應有的禮貌，尤其是自認有「革命情感」的夥伴。

T常常公開反駁主管的意見，而主管惜才，一直容忍她的直率。T感受到主管對自己的疼愛，更加認為要為他赴湯蹈火，一起做出一番大事業。

所以，她每每站在自己的角度，直言不諱公司的缺失；而且她相信，主管一定會瞭解及肯定自己無私的觀點。

不過，一旦自己的意見未被主管採納時，她就會很生氣。次數多了，她便愈來愈急、愈來愈氣。

愈關心主管，愈擔心公司的未來，她的情緒就變得愈來愈暴躁，講話也愈來愈難聽。

T沒有發現，主管一直在忍耐她的暴躁個性。她也忘記了，管理階層看事情的角度和部屬不一樣，而且他們不見得能公開說明公司的策略布局。

於是，上司開始對她的急躁感到困擾，愈來愈不想和她溝通。另一方面，自己的觀點無法和上司溝通，也讓T小姐感到非常悲憤及不值。

以T的脾氣，當然也常常得罪了別人，自己卻毫無感覺。後來，有一次和主管發生口角後，她就負氣打算出國。

本來主管還好言慰留，要她休息一段時間再回公司；但對她恨得牙癢癢的人逮到機會，等她一出國就放謠言給她，讓她覺得公司已經不要她了。

愛面子的她，乾脆先發制人，在國外就發信給主管，斬釘截鐵的表示：

「老娘不回來啦！」

擁有豐富職場資歷的她，回想起那一年，傷心、傷身、最後還背一個不負責任的罪名。真是所為何來？

以上事件，是相當常見的職場現象，特別容易發生在滿腔熱血的人身上。

他們一旦碰到「溫和」的互動對象，就很容易得寸進尺，忘了職場的基本禮節，而讓一件原本很有道理的事，變成討人厭的事。

因此，這幾年，我不斷提醒自己，不管再熟，對主管、同事、部屬、外界互動的對象，都要保持基本禮貌。

相對的，碰到無禮的人，我會心裡「嘿！嘿！」兩聲，不把他放在心上。

其實多年前，我也有過類似T的經驗。

年輕時的我，很直，也很衝。那時候，我總覺得「我本一心向明月，奈何明月照溝渠」，常常在心裡嘀咕：

「老闆，你是怎麼了？你看不出那個傢伙是個陽奉陰違的大奸臣啊！」

不過，一位擔任命理老師的學長，他對我的提醒，讓我恍然大悟。他說：

「雖然你的出發點是好的，但你一直與上司意見相左，也會損傷他。如果你真的關心他，以命理的角度來看，你可以先順他的意，不要和他的磁場對抗，對他，也是一種幫助。」

後來我照學長的建議做，不再堅持自己的主觀立場，給老闆找麻煩。用白話文說，就是：

「我變得有禮貌了！」

過了一段時間，我擔心的事，很自然就解決了。

有禮貌，別人才聽得懂你的話。

職場上的禮貌不是虛偽，而是讓別人願意接受你的一種身段。

很多時候，你以為你很直，但別人只覺得你很沒禮貌。特別是當面對長官，禮貌更為重要。

如果你講話很沒禮貌，就算出發點是好的，有百分之九十五的機率，對方完全無法接受及吸收你所要表達的訊息，於是，不只溝通完全無效，還造成負面效果。

所謂說服，就是「輕輕柔柔的，讓對方放棄他的成見。」

這可是需要一定的溝通技巧及耐心，不是「直」一個字可以解決的。

你夠「友善」嗎？

人類最基本的兩樣需求，
就是「討人喜歡」及「成功」。
當你發揮友善特質時，
就傳達了「我喜歡你」的訊息，
也就會傳送良性聲波，並且得到回饋。

我之前的公司同一樓層，有位美女能力很強，工作也很努力。我們兩人因為常加班，三不五時有些交會。後來，下班時間，她會跑過來跟我聊天。

不過，她聊的內容，總不外乎是抱怨公司和其他同事的不是。她東罵罵、西罵罵的結果是：

她那張美麗的臉漸漸變形了。

一開始我還有點同情她，總是耐心地勸著：

「妳這麼漂亮，為什麼這麼晚了，還在煩這些討厭的事呢？快點回家休息或去約會吧！」

但講了幾次，她還是一樣，逼得我只好提早離開辦公室，以免本來只是想早點把工作完成，卻不小心被她捲入負面情緒的輪迴。

老實說，她罵的內容多半都是「真的」，她生氣，真的有她的「道理」。

但是，她不但無力改變公司，也無力改變自己的想法與作法，這樣做，只會讓她每天都很不開心。

最後，她變成一個很兇的女人，在辦公室裡，經常遠遠就聽到她罵人的聲音；而我則是能躲就躲。

我認為她本質是善良的，但是，她總是給人「相當不友善」的感覺；於是許多事情，也就是因為她的「不友善」特質給卡住了。另一方面，也因為她的態度，讓她永遠感覺自己在挫折及碰壁中打轉，就算要轉換工作也十分不容易。

你曾經想過這個問題嗎？在職場及生活中，你的表達夠「友善」嗎？也許你會這樣說：

「在過去的經驗裡，我曾因為不友善，還真達到了某些目的。」

沒錯，這經驗可能大家都有。人善被人欺，馬善被人騎，尤其是在職場裡，欺善怕惡更是常見。所以，有人會主張：

「人真的不要太Nice！」

但是，「不要太Nice」和「不友善」，根本就是兩回事。

「太Nice」是指做事沒有原則及底線，因此容易被人利用。但對人「保持友善」則是一種公平的態度。

例如：你曾經對部下大吼大叫，以達成快速的工作目標。你覺得因為你兇，達成了目標，甚至心裡沾沾自喜，以為自己「賺」到了。

但長遠看來，也許部屬照你的意思做了，卻因為不心甘情願，工作品質不如預期，「壞結果」還是你要扛。

另外，因為你的「暴怒」，讓辦公室瀰漫不友善氣氛，造成人員的不斷流失，也是造成公司重大損失的原因。

這時候，老闆一定會因為高流動率而歸咎於你。

所以，人往往會高估了「不友善」的價值，也養成了對人態度不好的壞習慣。

你要提醒自己。對別人不友善，是對自己「無法自制」的表現。但也許很多人會說：

「沒辦法，我這人什麼都能改，就是脾氣不能改。」

其實說這種話的人是在自欺欺人，沒有人能改變另一個人的脾氣，我要你改的也不是脾氣，而是態度。

要改變態度，其實一點也不難。

首先，你要以新的觀點看事情，當你以不同的觀點看世界時，你會發現，周遭的人事物並不是全然的糟糕和無解。

「不友善」是一種錯誤的態度，更是一種錯誤的習慣。當你對外界不滿時，先別急著發洩，你可以問自己：

「我這種態度可以解決事情嗎？」

「我希望別人記住的我是這種兇巴巴的形象嗎？」

「我對人很兇，所以不受歡迎，那麼，我會得到真正的幫助嗎？」

如果你願意想一想以上的答案，就可以有效的讓自己的態度好一點。

在職場裡，即使真的碰到很值得生氣的事，也要克制自己絕對不要明顯動怒、及隨意地對人無理及不友善。必要時，你可以有風度地退出現場。

你一定要小心，即使是很輕微或很少見的無理態度，也會讓人長期留下討厭的觀感。不信你反問自己，別人在職場裡情緒失控，不也同樣令你印象深刻？

所以，這裡再次提醒大家，人類最基本的兩樣需求，就是「討人喜歡」以及「成功」。

當你發揮友善特質時，就傳達了「我喜歡你」的訊息，也就會傳送良性聲波，並且得到回饋。

也就是說，當你保持友善時，他人也會回報以「我喜歡你」的行為，那可能是支持、協助、機會及幫助你成功等等「非常有價值」的東西。

要「人和」，也要有「立場」

在職場上，
被誤會沒甚麼大不了的。
若讓人覺得你很麻煩，
你的麻煩反而少。

在職場上，「人和」真的很重要。

所以，培養自己的好EQ，對他人保持禮節，是一定要有的身段。

不過，「人和」跟只想「做好人」，是兩件完全不一樣的事情。

出外做事，還是有「公司的立場」、以及代表公司時「自己該把持」的立場。

如果因為你只想「做好人」，被他人牽著鼻子走，因此累死了自己或拖累旁邊的人，那就不對了。

每個人或多或少都有這種經驗、這種掙扎。過了很多年我才領悟到：

「不管我做得多好、做了多少，還是有人可能不喜歡我。」

會出現這種情況，很可能他在利益上是跟你對立的，甚至立場剛好是相反的，這時候，你就不要忙著「做好人」。

除此之外，在職場中有人說你壞話時，通常解釋都沒什麼用、也沒有非解釋不可的必要。

除非那個關鍵人物（通常是你的老闆）都來關切了，這時候才必須好好說明，否則不要太介意，專心把老闆交待的事做好就成了。

事實勝於雄辯，更何況是有心人士的造謠通常有其目的，忙著解釋，只讓愈來愈多人看熱鬧。

職場八卦影響力可大可小，但要是壞了自己心情，才真的自亂陣腳。

不久之前，有個對岸的公司代表跟我提案，希望我們公司可以搭配他們做一個在大陸的案子。

雖然這個案子，對公司並沒有實質的金錢收益，但以行銷面效果的預期來看，我還是會有點興趣。

不過，仔細評估後，我認為該公司所期待的規模不會發生，所以我也就坦白告訴該公司代表：「本公司的預期在哪裡，限制在哪裡」。

但對方在跟我會談的期間，只是不斷的提及我們的同業，是如何的「積極競爭」這個機會。他還告訴我，同業跟他誇下了海口，可以達成什麼效果。但我聽得出來：

「他只是想激起我的好勝心，然後給他『拚下去』。」

很多人都會犯下一個毛病，以為「有人搶的東西，一定是好東西」，就是這種心態，才讓很多限量商品賣得嚇嚇叫。

但搶購過這種商品的人也知道，其實搶購到了，限量商品還是不一定有用。因為我已經交了很多「學費」，當然也就沒有這個迷思了。

於是，我跟主管還有同事商量後，決定要秉持初衷，維持原議，不會給他更多的承諾。

當然，我的冷靜也可能讓對方覺得不滿，甚至覺得我們「老大心態」。

但是，如果我已經有堅持的信念，和判斷的基準，我就不可能人云亦云，被人牽著鼻子走。

現在的我，寧可被人家覺得我很堅持，甚至因為無法滿足每個人的要求，因此有人覺得我是「壞人」，我也無所謂。

只要事情最後有個好結果，在職場上，被誤會沒甚麼大不了的。這麼一來，我也發現：

「職場上若讓人覺得你很麻煩，你的麻煩反而少。」

麻煩少了，我也因此更能專注於目標，也會因為目標不斷的達成，而成為更有信心的人。

找出對的人才比發展更重要

企業主往往專注於企業發展，
卻忘了「人才」也要同步發展。
到頭來才會發現，
限制企業發展的最大因素，
缺的其實就是人才。

由於資訊的爆炸，七年級、八年級的年輕人，用比上一世代快數十倍、數百倍的速度接受多元的思想及價值觀。

因此，現在的企業經理人也都紛紛感受到，「領導年輕世代」，似乎是一年比一年困難。

前面我已講過，「領導年輕世代」的解藥，是透過「願意理解」、「願意溝通（行銷想法）」，才能幫助企業獲得來自年輕世代的產值。

但即使如此，「領導年輕世代」，依然是這個新時代裡最艱難的任務。如何「遴選」企業最重要的領導階層及接班梯隊，更是茲事體大。

試想，企業如果沒有優秀的領導階層、接班梯隊，將要如何面對外在嚴峻的競爭？要如何存活、發展呢？幸好，評量中心（Assessment Center）幫助企業有效的解決了此一問題。

這是目前最為科學而有效的一種綜合性人才評估方法。它融合了多種測評技術，由多位評估人員從多個角度對參評人進行全面考察，協助企業從而得出較為客觀、準確的判斷。

在兩岸三地人力資源界超過十年的經驗，我確實看到，在挑選主管時，企業往往有很多的迷思。

簡單的說，很多企業在挑選主管時，經常會犯錯，因此付出嚴重的代價。

以「業務」一職為例，通常「業務人員」的業績，是白紙黑字的實績，因此上層很容易判斷其績效表現。

於是，許多公司以業務人員業績的高低，作為挑選主管的首要條件，也認為這是最公平的方法。

不過，公平不等於合理，「會做業務」跟「會當主管」，根本就是兩種完全不同的職能。

如果把業績好的業務人員變成主管，除非他同時具有管理才能，否則這個「晉升」，會讓他把精力放在不熟悉的事務，只會導致他的業績大不如前，造成公司的損失。

除此之外，他升職之後，因為管理的不當，導致下屬紛紛離職，公司也會損失人才。

從這個例子看來，一個錯誤的晉升，會帶給公司非常大的傷害。

最優秀的業務，不一定是最棒的主管，但百分之八十的公司，還是按照這個遊戲規則選人。不管在業務、行銷、創意等行業，大家都誤以為那個「最會做生意、最能夠借到錢、最能夠拿到客戶」的人，就是最有資格當主管的人。

偏偏事情往往不是如此。

選擇正確的領導階層，一般關注兩個軸向。橫軸指出的，是人才的能力；縱軸指出的，是人才的潛質。

當我們發現，某些候選人目前的績效很好，但在現階段不見得擁有管理潛力，如果是這類人才，維持現職對他及企業都比較好。

反觀，如果發現，一個人很有潛力，但目前績效卻不好，那表示他的位置很有可能被放錯了。

透過評量中心（Assessment Center），可以對公司的人才進行評估，看他們面對工作、面對壓力下的行為準則及模式，透過心理學專業的觀察與分析，去判斷未來他在職務上面對壓力、環境等等挑戰，會有怎麼樣的行為模式。

其實評量中心最早起源於第一次世界大戰中，德國軍方對於軍官的選拔。而率先在商業組織使用的是美國電話電報公司（AT&T）。

自一九五六年開始，布雷（Douglas Bray）博士在AT&T公司，運用評量中心技術，對新進公司的管理培訓生，進行了管理潛能評價，並且長期追蹤。

研究結果顯示，評量中心的確能較準確地預測未來的成功，並於一九六四年開始陸續將它的研究成果，發表於美國的《應用心理學》等權威專業期刊。

之後，評量中心方法開始逐漸被各主要大公司，如IBM、GE、Mobil……等落實採用。

評量中心在國外已經得到了較廣泛的運用，許多世界前五百大公司在晉升高階管理人之前，會將這群候選人先送到評量中心，就好像一個體檢，公司將會得到一份體檢評量診斷結果報告，透過這個診斷報告及面試，才會最終決定是否任用。

領導階層對企業來說實在太重要了，這個人也許掌管大中華區、他手上的年營業額可能是幾億歐元，所以不能有一絲一毫的錯誤。

由於它具有較高的效度，同時預測性很強，因此部分企業在通過獵才找高階主管時，會先由獵才顧問找到可能的人選，再透過評量中心評量這個人的潛能，讓企業的選擇更加有保障。

當然，評量中心（Assessment Center）的機制，有幾個環節。

第一個環節：定義清楚

首先，要明確定義這個職務有哪些條件及「期望值」，通常這個期望值，跟這個部門目標，或公司的戰略目標都會有關聯性。

顧問會去訪問老闆、人力資源部門，及上一層的主管對這個職務的期望是甚麼，然後做出客觀的定義。舉例來說：最近在上海剛完成的案子，就定義這個職務需要「跨部門溝通能力、EQ能力、高應變能力、危機處理、問題解決與分析能力等等」。

第二個環節：設計情境

透過大家對人選的期望值設計出類似情境，有全新的公司資料、組織圖，每個不同角色的背景、性格，讓這些人選要進入這個情境，面臨各種會發生的狀況以及考驗等。

第三個環節：進入一天的評量中心

當天可能要扮演一個大型公司某地區的區域銷售經理，類似真正的區域銷售經理一天的工作。

候選人一般會先拿到了一疊資料，他需要在短時間內閱讀這份資料，以瞭解公司的基本情況並進入角色。

現場會有許多角色扮演者視案例的需要分別扮演客戶或同事，現場並有工作人員團隊全程錄影錄音……。

第四個環節：產出報告

透過整體的評量，企業可以得到一份人選的診斷報告，它會將所有的能力進行評分，包括其優勢、劣勢及其他對手相較評比人選的位置等資料。

那麼，公司就可以依據所有的評比加上其他的考量，作出一個綜合的判斷，進一步評量出要晉升的人選。

評量中心（Assessment Center）是對真實工作情境的模擬，因而對其未來的發展潛力能夠進行很好的預測。在台灣科技業、金融業、外商企業，也都已經行之有年。

我最近經手的一個案例，該集團在兩岸三地都有分公司，老闆計畫在五年後退休，希望能把對應的人才早點培養出來。

雖然，他身邊的副總都非常有忠誠度，但都是在沙場上打拚二十幾年的元老，因此大家也差不多到了要退休的年齡。

於是，接班計畫不再是將副總升為總經理這麼容易的事。

其實大多數企業主，往往專注於企業發展，卻忘了「人才」也要同步發展，到頭來才會發現：

限制企業發展的最大因素，缺的其實就是人才。

一個成熟企業的發展模式，是在預期發展前，就已經透過評量中心建立了企業的人才庫。

然而，多數企業人堅持先發展再回頭找人。基本上已經本末倒置了。這也是許多企業發展很快，但最後卻是以關門收場的原因。

對的人才，才是企業發展的根基。

幫年輕人「圓夢」

對七年級生，
我都用感性的領導。
我願意把自己最真實，
也就是最醜陋的一面，
通通給他們看。

最近，不管我碰到大公司的老闆、小公司的老闆，甚至是店長或主管，大家都不約而同的想跟我討論同個問題，就是他們在「帶領年輕世代」這件事上出現很大的困難。

「年輕世代」包括七年級，以及陸續踏入職場的八年級，他們自認自己擁有故事、擁有品牌。相較於四、五、六年級這些比較年長的世代，他們是非常自我的。不過，要領導他們，也不是沒有辦法。

第一步，就是建立共同的夢想。

在互動的過程中，建議你先分享自己的夢想，找到認同的人，也請年輕人要說明他們的夢想。

從年輕人來求職面試，主考官就必須表達：希望這份工作，是可以同時完成雙方的夢想。這一點可能要花最多的時間來談，也就是要建立共同的理想及目標。

在跟年輕世代談的時候，會發現他們在開薪水時，往往有不太切實際的期待。這時候，先別急著否定他們，可以聽聽看為什麼他們會有這樣的期待，也可以好奇的更深入了解他們的想法。我曾問二十七歲的年輕創業家林修禾說：

「通常要面試多少人，才能獲得一個你想要的員工？」

林修禾的答案讓我很驚訝，他說：

「比例大約只有十分之一。」

但他繼續解釋：

「這些精挑細選出來的員工，容易培養革命情感，因此離職率很低。」

林修禾自己也是七年級，所以想法也另類，即使面試時，求職者就很「白目」的說：

「我的夢想是工作一年後要環遊世界。」

這樣的人他也可以接受。因為林修禾認為年輕人追求夢想，是值得鼓勵的。他的「接受」還不只是說說而已，針對這樣的員工，在公司福利上，他甚至先設計國外旅遊，讓他們完成部分的夢想。林修禾說：

「對七年級生，我都用感性的領導。我願意把自己最真實，也就是最醜陋的一面，通通給他們看。」

對年輕世代的員工，主管無須顧慮面子問題，而是要顧裡子。

例如年輕人公私不分，上班時還掛在網路聊八卦，通常老闆一看到，就覺得：「我付你薪水，你的上班時間就應該是屬於我的，怎麼可以這樣？」

一開始，林修禾也很不喜歡員工在上班時間用即時通訊軟體，但是，後來發現，禁止不是最好的方法。

因此，林修禾反其道而行，鼓勵員工用臉書建立人脈，並告訴員工，希望這些人脈及資訊可以回饋給公司。

一旦不禁止，員工反而沒那麼想做，上班時間用即時通訊軟體的問題，在公司裡就不再是個問題。

還有一個很特殊的作法，就是在林修禾的公司裡一定要「準時下班」，因為他認為：

「公司需要活力。如果只是為加班而加班，擔心自己先走了，會對其他人不好意思，勉強留下來，這樣『人在心不在』的殺時間，實在也沒什麼意義。」

所以，林修禾乾脆先公告：「本公司不加班。」

還不只是這樣，快下班時，他還提醒大家快下班了。如此一來，大家都盡量把工作在上班時間做完。如果非加班不可，林修禾就陪員工換個地方，在咖啡廳把工作完成；轉移空間也是一個好方法。實在不行，就等第二天再做。

總之，他就是希望員工不要把工作帶回家。

最後，要學習傾聽年輕世代的需求。當你蹲下去聽，了解他們的夢想及規劃，用朋友的角度，花時間去了解他們，才有機會抓住他們的心。林修禾發現：

「年輕世代很重視工作環境及氣氛，當工作環境變沉悶時，人就不易付出。」

所以，組織中如果有一兩位high咖，就會把工作環境變得較為活潑，對整個團隊是有利的。

考核一個員工，還不只是看他的能力，也要看這個人是否有「使命感」。員工若是有「使命感」，即使是個high咖，也一定會把工作做好。

至於如何找到有「使命感」的員工，就要在面試時聽他們的夢想。如果工作本身可以協助他們完成夢想，就會有使命感。

現在年輕人的夢想，其實也大同小異。像環遊世界或財富自由，就是大家常見共同的夢想。在企業中幫助員工共同朝夢想前進，也就抓住了員工的心。

一個不可輕忽的職場

2

CHAPTER TWO

世界的舞台，我不想缺席

一樣是打棒球，
如果有機會去大聯盟，
相信應該沒有人會問：
「王建民，你為什麼不留在台灣？」

從上海的地鐵站搭上磁懸浮列車，前往浦東機場的路上，我看到雪花片片，真的好美！

時速四百三十公里的磁懸浮列車，八分鐘就把我從地鐵站送達機場。

一如往常，機場內滿滿的都是人潮。

在這裡，可以看到來自世界各地，手持不同國家護照的人。好像全世界的人，都不約而同到了上海，這個離台灣最近的國際都市。

我何其有幸，此刻也正同在這世界的焦點——東方的曼哈頓，參與見證了這一大時代的一切。

還記得第一次來上海，是在一九八八年。我走在外灘的黃浦江邊，看著岸邊雄偉的歷史建築，也看到徐家匯的人潮。

當時，我感受到這個漸漸甦醒過來的東方明珠，正在準備成為世界的中心。我告訴自己：「我一定會再回來。」

大約是在二〇〇〇年左右，身邊的朋友，開始一個接一個前進中國，在台灣，感覺朋友似乎忽然減少。

翻開電子信箱裡的通訊錄，台灣「〇九」開頭的行動電話，一個個被「一」開頭的「中國移動」（大陸的電信公司）所取代。

我也在二〇〇五年，正式進入中國工作。

有一天，我約了客戶在新天地「透明思考」（TMSK）餐廳吃飯，因為提早到了半個小時，於是打算在隔壁的「咖啡豆」（Coffee Bean）先喝杯咖啡。

沒想到就在買完單找座位的那一刻，出現在眼前的竟是一位幼年契友，他在美國待了很長一段時間，現在是好萊塢巨星李連杰的特助。

另有個少年同窗，已經是第二次外派了，現在已經是台灣最大金控公司駐上海的代表。

還有一服役的同梯，早期移民加拿大，沒有想到分別十五年後，我們的見面地點也是在上海，他現在是某大顧問公司的合夥人。

其他在上海遇到過的大學和研究所的同學、舊日的同事朋友，就更不計其數、不勝枚舉了。我很難想像，這一切都是巧合嗎？很多人問我：

「為什麼要來中國？」

或是「該不該來中國？」

關於這個問題，我喜歡用「台灣之光」王建民的例子跟大家分享。我先請教大家一個問題：

「你覺得是王建民優秀，還是美國大聯盟職棒造就了他？」

如果你仔細觀察，不難發現：其實王建民一直以來都很優秀。如果當年他沒有去大聯盟；我相信，他還是他，一樣的優秀。

或許，他仍然可以很開心的天天打球，就像其他在台灣一同打球的選手一樣，他絕對能在台灣的職棒裡，當一名稱職的投手。但可以肯定的是：

「他不會有今天的成就。」

一樣是打棒球，如果有機會去大聯盟，相信應該沒有人會問：

「王建民，你為什麼不留在台灣？」

可是另外也有一件事，值得我們深思的：

「是不是只要到中國就一定會有成就？」

答案：其實未必！

就我所見過，陣亡的比例也不在少數。

根據我在中國實地的觀察，我想告訴大家，如果想要在這樣一個世界級發光發熱的舞台，展現動能，我武維揚，可以參考我所接觸過的高階經理人，在他們身上都有著許許多多成功者的特質。有許多朋友經常問：

「中國職場需要什麼樣的人最合適？」

標準答案很平凡又無趣，中國職場只適合兩種人：

①有能力的人

②想證明自己能力的人

前些時候受理一件獵才的案子，客戶是過去在台灣完全沒有接觸過，來自英國排名前三大的投資公司。

可是在我們合作的過程中，才瞭解到原來他們在台灣沒有分公司，甚至連辦事處都沒有。

這又是肇因於市場經濟規模決定了大企業的策略方向。

大部分的跨國公司，原本多將亞洲的總部設在香港、新加坡；也有部分曾設於台灣。

但近幾年多已遷到上海或北京，更多的公司選擇了中國做為他們的主基地及未來成長的重要市場。

畢竟，這樣一個高成長並擁有超過十億人口的市場，是誰都不能輕忽，也不能捨棄的商家必爭之地。

對於想要前進中國職場的朋友，我衷心的建議你可以為自己準備好以下三個重點。我戲稱之為「三T理論」。

一、目標（Target）

決心的大小，也就決定了你的格局。

二、才幹（Talent）

條件與能力，決定了你的產值。

三、時間（Time）

時間與耐力，決定了你的成敗與榮辱。

如果你在作出「前進中國」的決定之前，能夠清楚檢驗自己以上三個「T」的正面價值，並確保無虞，雖不敢保證你一定會功成名就，但是在中國的勝算一定會相對的提高。

機會在哪，人才到哪

台灣是個成熟的就業市場，
所以，經理人如果想留在台灣工作，
當然有機會。
但我必須說，
「更多的機會」可能在中國。

一場金融海嘯，造成了台灣經理人的大震撼，連台灣菁英最多、最最忙碌的新竹科學園區，也有了「無薪休假」及「白領菁英弱勢」的新名詞。

這可能是台灣經理人過去始料未及的事情。

金融海嘯已經過去了兩年，但現在世界經濟又有了新的緊張情勢，世界經濟局勢和台灣、中國大陸的經濟局勢及就業市場，當然也會有所牽連。

那麼，目前台灣中高階經理人何去何從？

台灣人到中國工作的情形及未來展望又如何？

我想從兩件事開始談。

一、分時工作

我曾提到，台灣籍的「分時工作者」型態，早已經在許多人身上實現。

像我自己就是一個典型，而且，我可以肯定，台灣籍的「分時工作經理人」，一定也會愈來愈多。

這兩年，每個月，我有大約兩個星期在大陸各城市奔走，包括北京、廣東等地方洽公及開發業務，還有大概一個星期在上海。

另外一個星期，我則是在台灣的辦公室開會及拜訪客戶。

我，就是提著電腦包，「分時工作」的台灣籍經理人典型。

二、更多的機會

你也許不知道這世界正在悄悄的變化，請想想以下這兩個問題：

①目前台灣人到中國大陸工作的趨勢如何？

②大陸對台籍求職者需求現況如何？

我必須這樣說，台灣是個成熟的就業市場，所以，台灣的經理人如果想留在台灣工作，當然有機會，但更重要的是：

有「更多的機會」可能在中國。

為什麼呢？因為，事實是，人才漸漸會流動到「工作機會多」的地方。

舉例來說，台灣的中南部求職者，為什麼會離開家鄉匯集到台北？

答案很簡單，因為台北工作機會較多，就會吸引中南部的人才。

但是在目前的成熟台灣求職市場，一個四十幾歲的協理、副總、總經理，如果沒遇到什麼問題，可能不會輕易離職。

台灣的產業沒有衍生更多的工作機會，而好位子通常又已經被人卡住，所以，台灣的中高階經理人，有可能會「無處可升，無處可跳」。

所以，上海及北京，或其他大陸二線城市，在可以預見的十到十五年，人才仍然稀缺，會吸引台灣的中高階經理人。

我有一個最近的例子來說明。

我有一個深圳的朋友，最近跟中國政府拿到一個案子（項目），這個案子，竟然匯集了兩百個職缺，而且，平均年薪是兩百萬人民幣。

這兩百個職缺，是由產、官、學三方組成，也就是匯集了政府、學校、企業三方的職缺釋出，需要菁英人才。於是我的朋友甚至計畫到波士頓去開招募會，因為想吸引哈佛等名校的華人博士。

當我知道這件事，我打了幾個問號……

真的有這麼多機關付得起「年薪兩百萬人民幣」嗎？

我研究了一下，發現原來「年薪是兩百萬人民幣」是有配套的。

只要是合格的人才，一經雇用，第一年，薪水由政府付錢。

第二年，因為這個人才已經有了一定的產值，政府負擔比例往下降，就由企業出一部分。

第三年，人才發揮了功用，薪水才全部轉到企業。

未來在大陸市場還有非常多的需求，就像我曾經手一個大陸保險業的上市公司，一開口就要十五個總經理（因為分布在不同城市）。

所以我可以確定，台灣還是有相當比例的經理人，把中國大陸的工作當成未來求職的戰場。

現在去大陸還有機會嗎？

台灣某些產業，
前景不會太看好。
當產業不見了，
你再了不起都沒用。

在大陸奮鬥多年，很多台灣經理人遇到我時，總不免要問：「現在去大陸還有機會嗎？」

我的觀察是以大陸的「台商」企業為例，目前對於台籍經理人仍有偏好，這是不可否認的事實。

尤其近年來大陸的平均所得提高，一級城市的大陸籍高階人才，收入已經直逼國際水準；所以，台籍經理人的價碼相對是「低」的，就會有其市場的競爭力。

我建議有企圖心想到大陸發展的台籍經理人，不妨以「台商」企業為第一個灘頭堡，因為，台籍經理人最容易被「台商」企業接受。

但是要注意，台籍經理人還是免不了要跟台灣、新加坡、香港、或大陸「海歸派」等等經理人競爭，建議有心往大陸發展的台灣經理人，你的動作還是要愈快速愈好。

那麼，台灣人進大陸前，要做些什麼心理準備？

很多人說，在中國的企業把經理人的know how都拿到了，就會把人淘汰。其實，在台灣又何嘗不是如此？只不過大陸是更激烈競爭的市場而已。

所以，在中國大陸要生存，就必須讓自己的核心價值一直進步，在投入的時間、精神、做事以及做人上，都要付出更大的努力。

在適應方面，大陸的幅員廣大，在台灣一天跑好幾個客戶沒問題，但到了大陸，交通上要花的時間、體力就數倍之多。

加上大陸飛機誤點是家常便飯，因此工作上時間、體力的消耗非常驚人，這是第一個必須適應的地方。

心態上，台籍經理人也必須去適應兩地的差異性。

到了大陸，台灣經理人要管的人數，可能是過去十倍、百倍都不奇怪。

在台灣時，要管的人背景差異不大；但是到大陸困難度大很多，光是南方人、北方人就非常不同，何況各省之間、城鄉之間、階級之間，更是複雜詭譎。

不只如此，看上去同文同種，但大陸人和台灣人在職場上，早已有了極大的差異。舉個最簡單的例子：

一個員工一下班就走，不然就是下班後沒多久就走；另一個員工下班後總是加班到很晚，請問這兩人之中，誰在職場的企圖心較強？

如果你認為當然是晚下班的那個更有企圖心，抱歉，在台灣是這樣，在大陸可能剛好相反。

在管理大陸員工時，你會發現，他們常常一下班就走。這對習慣要求員工加班的台籍經理人來說，就會覺得很不一樣。

台灣人會把事情做完才走，大陸人卻是時間一到就走。

表面上看來，大陸員工不加班，似乎缺乏對工作的企圖心，但是，事實剛好相反，大陸人下班後也過很精采。

大陸員工下班後，都會去經營副業、去面試、去充實自己……

在激烈的生存競爭下，大陸人是「人不為己、天誅地滅」的奉行者，他們認為

「不替自己著想，更沒辦法出頭」。

那種旺盛的企圖心，不是僅把自己的前途壓寶在一個公司；而是拚命的充實自己，或積極的找更好的機會。

我曾經參加一個中國的婚禮，席間的對話，有趣卻寫實，足以說明這個現象。

婚禮一桌十人，其中九人，最近都換了工作，剩下一位三年沒換工作了，他很慚愧地說：

「小弟不才，三年還沒換工作。」

顯然，大陸人及台灣人，對「賺錢」與「換工作」，看法大不同。

在大陸，「拚命賺錢」與「換到更好的工作」是天經地義的。因此，擔任管理人，一定要知道兩岸的差異。

相較之下，台灣人不妨調整「換工作」的思維看法。

關於台灣的經理人要不要移動？要不要有跳槽準備？我的想法是：

「台灣某些產業，前景不會太看好。當產業不見了，你再了不起都沒用。」

因此，你必須要思考，有一天，可能「必須轉職」，這是心態上沒辦法逃避的事情。

或者，如果你是「服務業」人才，由於和大陸的內需產業有相對應的關係，我覺得這是一個可以思考的出路。

例如「八十五度C」咖啡，在大陸蓬勃發展，八十五度C在大陸的一個分公司，規模都大過台灣總公司。

在這樣的情況下，從行政、銷售、展店、人力資源等等都需要人，假設你完全沒有大陸經驗，台資企業不妨做為第一個選擇。

目前薪資待遇最好的是陸資企業，而台灣人進入陸資企業，必須證明自己是更出類拔萃的人。所以，適合有強烈企圖心、拿得出過去戰功的台灣高階經理人。

在中國大陸，有一部分外資企業在大中華地區的最高階主管，是台灣區的總經理被升為大中華區地區總經理，因此對台灣人有一定的熟悉親切度。

雖然他們往往會優先錄用當地人，但台灣人還是有機會。通常這還是跟過去自己的「人脈」有關。

也就是說，如果決定者剛好是你的人脈，有著互動的信任關係，就很有機會。

以下提供台籍經理人進大陸工作四個策略：

一、與「獵才顧問」維持良好的互動

肥水不落外人田，通常「獵才顧問」手上有了好職缺，一定會優先給常保持互動的人。

例如我有個經理人求職者，在打算轉職的六個月前，就會和我聯繫，討論對新工作的地點、職務、薪水等期待及目標，把自己的生涯規劃當成專案管理。他這樣主動告知，就讓「獵才顧問」更能幫到他。

二、和過去的主管保持良好互動

如果你有能力，又和過去的主管有「信任關係」，當他進入大陸需要人手時，自然會想到你。

三、就讀大陸的EMBA

雖然學費都不便宜，但報一所大陸當地的EMBA學校，會遇到很多同質性高的同學，機會當然多。找工作，人脈經營很重要。

四、善用線上資源

網路的資訊非常發達，所以，一定要好好善用工具。

在大陸，例如現在流行用LinkedIn，用社群網站把過去的人脈、資源串起來。

學習把自己社群網站的能見度提高，跟好好做履歷是一樣重要的。

台灣人才對陸資企業也有魅力

對於大多剛起步的陸資企業而言，由於無法負擔龐大的「行銷團隊」，因此來自台灣「多元化的通才」，對陸資企業便具有一定的吸引力。

這幾年，我在上海，幫企業「獵」高階人才，可說是心得頗多。台灣的優秀管理人才，即使是到了上海這麼具國際化競爭力的地方，還是有他的優勢。

以我最近經手的幾個獵才案件來說，其中一家消費品行業的客戶，它是一家純陸資的上市公司，指名要找一位台灣人擔任該企業的「市場總監」。

另外，還有一些傳統製造企業，例如從事加工鞋業或服飾行業的陸資企業，也來指定要找台幹，從事生產線管理。

因此，我很肯定，台幹在某些行業領域中的職能優勢，是有目共睹的。陸幹與台幹最大的區別，在於「專才」與「通才」。

例如在「市場行銷」這個領域，我發現，陸幹與台幹之間，「專才」與「通才」仍是涇渭分明。

在大陸，多數的行銷人才，是通過外資企業進入大陸市場之後，慢慢帶動其專業發展的。但在這些大型國際企業中，職能分類很細，個人只能各司一職。

所以，大陸人才通常會熟悉行銷領域中的「某個特定」的職位，例如活動執行、公關或是媒體，很少跨越多項。

然而，來自台灣的行銷人才，往往是一個人當三個人用，由於多年經驗的積累，通常同時具備了多方面的能力。

對於大多剛起步的陸資企業而言，由於無法負擔龐大的「行銷團隊」，因此來自台灣「多元化的通才」，對陸資企業便具有一定的吸引力。

瞭解到這一點，台幹在這類企業面試時，就必須充分體現自己在「通才」上的價值。

但要注意的是，剛來大陸的台灣工作者，對於中國大陸的消費習慣以及市場需求等等，會比較陌生，這也是陸資企業在選擇台籍人才上的考量。

於是，如何打破地域局限，利用最短時間去積累足夠的大陸生活經驗，這也將會是在大陸事業發展順暢的關鍵因素。

當台灣求職者決定接受陸資企業雇用的挑戰時，就必須從「企業的角度」出發，為企業的發展也為自己的發展，規劃出一個藍圖。

最近我經手的另一個獵才案件，是一家集生產、製造、研發等為一體的電子零配件的陸資企業。

因為該企業的大客戶，大多也是台商企業，考慮到業務發展需求，以及跟台灣企業關係的維繫，因此最終計畫去台灣設點，並聘請資深的台籍人士擔任總經理。

我們提供了該企業共五位候選人，企業最終選擇了三位進行面談。而陸資企業主通常會承擔候選人來大陸面試的一切開銷費用，以顯示其誠意。

最終，該陸資企業選中了其中一位四十歲左右的台籍候選人，擔任該企業在台灣分支機構的總經理。

這位人才在同行業領域有十多年工作經驗，專業知識背景很強，但真正讓他脫穎而出的關鍵，是因為他在面試之前，就站在雇主的角度，為其分析台灣市場的優缺點，並非常認真地做了兩份提案。

提案中，從辦公室選址、租金配置到發展台灣地區業務上的策略方針，面面俱到，並極其詳細，這樣的行為大陸雇主非常感動。該候選人已於上個月到任。

我深信優質的台灣人才，在陸資企業仍然保有一定的優勢。

透過如何保有自身的競爭力，例如多能、多勞，加強專業知識背景，站在企業的角度發揮經理人的能力及負責，就可以打破地域的限制，為自己開創一片新的職場舞台。

如何與大陸老闆面試？

我會建議赴大陸求職者，
對於「待遇」這一點，
不妨以「先蹲後跳」的想法來看待，
並且參考一下陸籍競爭者的身段。

對大部分的台灣上班族來說，在幾年前，還是很難想像：

「我的老闆是大陸人！」

通常去大陸工作的台灣求職者，多會選擇大陸外商企業和台灣企業做為落腳點。當時，對於有一天會為大陸老闆工作？大部分人是想都沒想過。

但現在，你不得不面對這樣的現實，因為根據人力銀行針對中堅世代（三十歲以上）上班族的調查顯示：

台灣有百分之七十六點六的中堅世代表示，將可能會「主動爭取」陸資企業的工作機會。

在可預見的將來，台灣會有愈來愈多的求職者，將與陸資企業老闆面試，包括在大陸與陸資企業面試，或是陸資企業直接來台徵才。

所以，建議求職者可以多多觀察並提早準備。首先，我們來瞭解一下大陸企業的應聘流程。

一般來說，人在台灣的求職者，大陸企業初次面試，會採用電話或其他視訊方式來節省招聘成本和時間。

在雙方達成錄用意向之後，企業才會安排求職者去大陸參加面試。

當然，若你人在大陸，則可直接進入面試。這樣方便求職者直接參觀企業，盡可能多接觸他以後工作的直接夥伴，同時可以幫助求職者來判斷這家企業的文化是否適合自己。

根據我們過往的經驗，台灣上班族西進工作，若想取得高薪，從事「業務」、「行銷」職務較有機會。

因為「業務人才」的薪資、所能拿到的傭金均取決於市場大小，中國大陸的內需市場大，好的業務人才就有機會因此獲得高薪。

在這種情況下，台灣的「行銷人才」若能進入行銷預算相對較高、營業額較高的陸資企業中任職，所能發揮的舞台勢必比台灣擴大許多，薪資報酬也會相對的較為優渥。

根據這幾年來在對岸工作經驗，建議求職者在面試時注意以下三點：

一、不要主動提出薪資要求

大多數求職者去大陸工作，最看重的就是薪水和發展前景。

陸資企業主多半不會小氣，但我想提醒台灣上班族，最好還是做點功課先瞭解行情。在面談中除非對方主動開口詢問，不要在初次見面，就提出薪資要求。

二、突出成功案例很重要

這也許是大陸老闆決定是否聘用你的關鍵所在。要讓老闆知道你的價值，拿出證據是最直接的方式。

一一列舉你的成功故事，並詳細描述他所感興趣的環節，相信大陸老闆會對你的能力大加讚賞。

三、對面試企業的認同感

面試中要展現自己的誠意。有大陸工作經驗的求職者，對這一點就不陌生。不少求職者因為對陸資企業缺乏瞭解，往往會在溝通過程中，展現出對企業的懷疑和不確定，甚至把期望薪資提得很高，這讓不少大陸老闆對求職者的誠意產生懷疑，容易陷入僵局。

盡可能透過各種管道，瞭解該公司的相關背景和資料，準備工作計畫書，讓企業主看到你的準備與誠意。

最後提供陸資企業主經常問的一些問題供大家參考：

Number	Question
1	你對我們公司瞭解多少？
2	你對這個產業的觀點是什麼？
3	你對該產業在未來五年的發展有什麼看法？
4	到我們公司三個月內你會開展哪些工作？
5	你在每家公司工作時做出的最大貢獻是什麼？
6	你認為你在性格上有什麼弱點？
7	你認為你的工作還可以在哪些方面提高？
8	你做過哪些與戰略有關的專案或分析？ 至少舉出三個例子。
9	你所在公司在過去是否經歷過變革？
10	你在變革中的角色是什麼？ 承擔了哪些工作和職責？
11	你在變革中做出了什麼貢獻？
12	你認為在公司變革中的不同階段， 做為高管／副總裁需要做出怎樣的自我調整和貢獻？
13	你未來五年的理想職業狀態是什麼？
14	你通常怎樣找你的接班人？

前些時候，有個陸資企業要我幫他們找個「品牌總監」，我最後篩選了三位資歷豐富、優秀的候選人給業主面試，他們分別是三十二歲到三十八歲的香港人、台灣人和大陸人。

第一位香港人，語文能力非常好，國語、英語、廣東話都很流利，口條和國際觀都好，但他比較弱的是似乎他提出的經歷，在面試時無法被完全的印證。

第二位台灣的候選人，拿著企業出錢的機票飛到上海面試，他的資歷很好，是有Taiwan Story的人；可惜的是，他沒有在面試前對該企業做充分的功課，對該企業瞭解不夠。

所以，在面試時，當對方向你談到對該企業未來品牌經營的方向時，準備不夠的人，當然也就答得不好。

第三位陸籍候選人則是準備充分，不但講話頭頭是道，也表現相當的自信，唯一的缺點是「國際觀」稍嫌不足。

最後，是由第三位「陸籍候選人」得到了這份工作。

雖然他的資歷不是三個人中間最漂亮的，但是他卻因準備充足而勝出，這就是在職場裡典型的「龜兔賽跑」。

另外，這位「陸籍候選人」勝出的另一個原因，是因為他的「Package（待遇）」的要求較彈性，所以企業覺得他可用，成本也比其他兩位稍微低一點，這樣企業當然會先考慮他。

我擔任「獵才」的工作，這幾年面試上千人，我看到台籍的候選人對待遇的要求很堅持，甚至就只是因為企業少給了一張機票，候選人就不願意接受一份好工作，真是可惜。

想要好的待遇是無可厚非，但別忘了你的競爭者是沒那麼計較的。可別以為陸資企業薪水低。其實，陸資企業給的薪水一點都不少，只要你做出成績，可以有很大的爆發力。

我會建議赴大陸求職者，對於「待遇」這一點，不妨以「先蹲後跳」的想法來看待，並且參考一下陸籍競爭者的身段。

換個位置，就該換換個腦袋

我到中國大陸初期，
也不能習慣很多事情。
但這些看似不合理現象的背後，
其實都有它的原因，
有它的歷史因素存在。

早上，剛幫一位陸資企業的大老闆，找到了年薪五百萬的「台籍老總」。下午，又急著趕去外灘的某飯店，跟某零售業的台籍高階主管J君（四十歲，人生的黃金十年都在中國大陸）開會，討論用人需求。

言談中，我們對於台灣人在中國的生存之道，交換了彼此的看法。

在中國大陸存活的最關鍵部分，精簡來講，可以從心態與行動兩個方向來看。

我要提醒大家：

既然換個位置，就該換個腦袋。

一個台灣人來中國大陸發展職涯，想要存活得很好，首先要拋棄本位主義的自大心態，用不同的思維、心態看問題，處理問題。

簡言之，就是「入境隨俗」，先放下自己的台灣思維和心態。如何放下主觀本位的台灣思維和心態，請參考「入境隨俗」三法則：

一、多體驗當地人的生活方式

很多台灣朋友來中國大陸，只看台灣的電視，讀台灣的報紙，吃台灣的小吃，在台資公司工作，身邊的朋友也都是台灣人。

我認為，如果沒有融入當地人的生活，就很難瞭解他們。

有很多來中國大陸發展的台青、台幹，多半是擔任主管，所管理的部屬，所面對的客戶、供應商幾乎都是當地人，如果不瞭解他們，就很難拉近距離，很難促進與提升彼此間商業上或管理上的關係。

所以，入陸第一個行動就是多去體驗當地人的生活。

具體可表現在嘗試去坐坐當地的公車，擠擠當地的地鐵，嘗試跟著大家一起在街邊吃吃當地的小吃，這些事情我們在台灣會做，其實來大陸一樣也可以做。

二、人際交往圈必須要包含更多的大陸朋友

來中國大陸以後，因為工作的關係，必然會認識很多大陸朋友，我們應該要敞開胸懷，大方的接納他們及他們的家人，成為真正的好朋友。

將心比心，勿交損友，睜大眼睛觀察檢驗後，用心去交朋友，才會處處得到貴人型的益友。

仔細觀察，你身邊的台灣朋友，他們的太太可能也有些是大陸人。去參加他們各種不同組合型的家庭聚會，更有可能易於瞭解大陸人的風俗習慣。

我覺得透過與他們的相處，或家庭間的交往，最容易直接瞭解大陸人的價值觀、他們的喜好、他們對於事情的觀點和看法。

這些都是之後我們在創業或從事管理職的一項重要寶貴資產。

三、用同情心與同理心看待周遭人事物

我到中國大陸初期，也不能習慣很多事情，例如看到超車、不排隊、人都很兇、女比男更悍，這種與原先認知產生的落差與失衡的衝擊，使我失望極了。

這些跟台灣或許不太一樣的現象，令很多台灣同胞來中國後，形成了揮之不去的夢魘，難免就會用所謂的成見去理解、看問題，易產生偏差。

但是，在這些看似不合理現象的背後，其實都有它們的原因，有它們的歷史因素存在。

理解這些因素以後，你就能夠包容，並與當地人站在相同的思考點，去思考這些不合理之處。

當然，我並不是指這些不合理就是應該存在的，而是說我們既然選擇在這邊工作，在這邊發展，你只有去理解它曾經發生的背景因素，未來才能夠在與當地人互動、交談的時候，有更多更好的共鳴。

如何去理解不合理現象背後的原因呢？

如果對於不合理背後的原因，不去嘗試做一個理解，就會始終用不合理的看法來看待它；但其實當地的大陸同胞，他們可能並不認為不合理，那麼你就跟他們在事情的觀點上產生差異，不能夠很好的溝通，因而產生距離感。

舉一個有趣的例子：台灣女孩子一般比較溫婉，但是大陸的女孩子是會罵人、會吵架的，當她們被侵犯到個人權利的時候，她們會嚴聲的斥責你，包括在職場上或是在生活當中。

很多台灣男生看到這個現象，就會覺得大陸的女孩子原來都是這麼兇，這麼難對付。

探究起來，這跟大陸從文革時代以來，在政策、法律上一直積極的推動打破男女之間所謂的階級、所謂的男女不平等有關，所以才會有今天這個現象。

如果你理解了這層因素，之後在職場上遇到女部屬出現這種現象或狀態時，你就不會覺得不合理，而可以去理解她們。

在中國，男女平等這件事，超過台灣很多年。可以從這個角度去想，在男女平等的前提下，要怎麼去接受、怎麼去改變。

改變環境是很困難的一件事，既然來到中國大陸，要學習的只能是接受環境，改變自己。

理解事情發生的原因進而去接受它，相信會幫助台灣同胞未來在中國發展和生存得更順利。

中國大陸發展非常快，開放程度也非常的快。台灣人來大陸發展，跟台灣的競爭環境很不一樣，是要面對全世界競爭的。

要面對如此強大的競爭，就要給自己更大的壓力去促使自我成長和學習。

想在中國大陸很好的存活，就要不斷的發展自己，自我提升。那麼，要如何才能不斷的發展自己，自我提升？

一、保有危機意識

很多來大陸工作的台灣人，認為自己有著各種方面的優勢，沒有危機意識。其實在大陸現在非常開放的就業形勢下，很多已不再成為優勢。如果不注重對自己的投資，就會很快被當地人才超過，更不要說跟各種國藉人才一起競爭。

所以，要有很強的危機意識，才會有行動。

二、自我提升的方法

有了危機意識，就要有所行動，去進行有效的充實自我。

因為接觸、吸收資訊的管道、機會非常多，建議大家要有針對性，用體驗式的學習方式自我提升。

所謂的「針對性」，指的是對於個人的目標要明確，針對明確的目標，清楚自身的缺失，才有利於把有限的時間，有限的資源去投放到最需要提升的地方。

至於「體驗式」，是指將任何學習到的都要體現、應用到工作上面，不管好與壞，都應去試試看。

中國的整個經濟發展快速而多變，環境在不停的變化。所以有針對性的學習，並且能夠應用，在實際工作中非常重要。

三、多利用當地的資源

很多來中國大陸的台灣人，喜歡從台灣帶書藉，喜歡看台灣的商業週刊，所以接受到的訊息多半來自台灣。

其實在中國大陸發展，多多利用當地資源是最好的。大陸有很多的培訓，我自己也常去參加，得到很多收穫。

建議你對當地的報章、傳媒，應該優先去看，這些行為可以讓你得到更多實用的，也是最新的訊息。

雖然台灣在過去五十年突飛猛進的發展，可是畢竟在台灣這個環境和市場，來自世界上的競爭對手相對是少的。

相反的，在中國大陸這片土地上，所要競爭的對象是全世界的菁英人才。因此，非常需要隨時隨地的強化自己的能力，並要有危機認識。

要認知我們如今所處的環境，不僅是內部競爭，還是內外部同時競爭。雖然水漲船高，但前提是自己要有這個資本去順應形勢。

總之，心態上、行動上還是需要靠大家身體力行的。

最後，具體提供一些關於行動的意見供大家做參考，希望可以使來中國大陸發展的台灣人職涯之路更加順利：

一、脫離保護傘

當你來中國大陸尋找更好的發展，是否考慮優先挑戰非台資企業？

這是很多的台灣人才不去思考的問題，覺得留在台資企業比較安心，可是安心就意味著你還是在台商的保護傘下生活。

如果優先挑戰非台資企業，不管是外企、陸資，相信將來不管你在任何企業，都一定能順利存活下去。

二、擴大資訊面

多多關注當地的人才供需資訊，透過網站、雜誌等等管道，瞭解目前中國大陸的熱門行業和人才需求資訊。

根據這些資訊，有針對性的去進行準備，收穫會更高。

面對「放大的困難」

所謂的「雙贏」（win-win），其實在我的字典裡指的是：

①是客戶公司本身的利益。

②是對應窗口的價值。

當你提供的服務沒有價值的時候，一切只剩下價格了。

在中國大陸第一件要面對的事，就是「放大的困難」。

舉例來說，過去在台灣企業中的經理人，可能要管理的責任範圍，就是幾十人、幾百人，最多幾千人。

但是一旦到了大陸，經理人要管理的人，可能就是數十倍、百倍之多，當然難度也就倍增。

一個人力資源的主管，在台灣手下能有十來個人，就算不小的組織了；在大陸動不動光是人力資源的單位就有百來人……

在東莞，有個台幹朋友告訴我，他管理了一個員工上萬人的工廠。所以，即使半夜有員工在廁所生下了小孩，但卻找不出母親是誰，這樣的事也不是沒有遇過。因為一個擁有幾萬人的工廠，其實就是一個小型的社會，經理人要處理的事相對多而複雜。

所以，來到大陸第一件要面對的事就是「放大的困難」，包括所面對的人數，要移動的距離等等。

在大陸開闢事業，一開始，要先找客戶。然而，人生地不熟，要怎麼開始？做「人力資源」的服務，是所謂「B to B」的商業模式。

過去在台灣，客戶都是台灣人，相對於現在面對大陸的客戶，在應對上就單純了很多。

舉例來說，在台灣，幾乎所有的客戶，「同質性」都很高，思考模式與問題也多很接近，所以，可以用類似的銷售模式或話術。

但是一到大陸，碰到的客戶就天南地北了，可能是溫州的老闆、山西的煤老闆、或是富二代；民營企業、台資企業、甚至外資等等，非常多元化。

因為客戶背景有極大的差異，在溝通、說服及提供服務時，就有很大的落差。

這是到大陸工作、開發客戶第一個要適應及克服的地方。

「銷售」真的非常難，你有聽過任何大學有開業務系嗎？應該沒有。因為「銷售」本身，就是一個多元能力的組合。

特別是B to B的生意，如果沒有「友誼」及「信任」做為開始，客戶有必要告訴你他的煩惱嗎？有必要買單嗎？

到了中國大陸這個新戰場，一切從頭來過，和客戶的關係當然也是重新建立。一開始，不能太挑客戶。早期很多客戶可能花掉我數倍的精力，並且沒有太多的利潤，但是確有示範的作用。這是一開始必須犧牲的部分。

那麼，在中國大陸從事業務工作，面對來自四面八方的老闆級客戶，要如何溝通及說服？

B to B的銷售，如果產品及服務不是獨一無二、無可取代的，那麼，其銷售過程往往有兩階段。

第一階段，一定要和客戶先交朋友，建立友誼。

然後，你才有機會達到第二階段，透過你的「專業」進一步建立「信任」。

B to B的生意，關係是一切。所謂的「雙贏」（win-win），其實在我的字典裡指的是：

①是客戶公司本身的利益。

②是對應窗口的價值。

當你提供的服務沒有價值的時候，一切只剩下價格了。

為什麼要先交朋友，先建立關係呢？

因為，大部分的產品，都是有取代性的。除非這個商品十分稀有，否則，正常的人，多是傾向跟認識的人做生意的。

在進入大陸的第一年，我先花了大量的時間及精力去建立人脈圈。

光這是一年的時間，收集回來的名片，就高達一千五百張。也就是說，我至少握過一千五百隻手。這些名片多半是從參加台商協會的活動，及人力資源的社群所接觸到的人而來。

參加不同組織的活動，會認識不同的人群。但是，見的人多，卻不一定都有用。接著，就必須在一千五百張名片中找有需求、有價值的客戶了。

因為花了精神去認識了大量的人，漸漸開始有了潛在客戶。

不過，哪一個老闆沒有自己的想法？這時，在中國大陸，就要面對「放大的困難」，和不同文化背景的客戶交手。

在中國的業務工作，還有「GIPPS」原則。

第一個是G，GENERAL，一般性問題

在面對客戶時，當然還是得先從客戶的口中得知他們一般的需求。這是建立關係的開始。

第二個是I，ISSUE，最關鍵議題

只要開始溝通，聊得深入了，雙方開始有交集和信賴感時，就可以有機會從對方嘴中，聽到他們心中「真正關切」的議題。

第三個是P，Pain，找到痛點

痛點就是找到對方最擔心、最痛的點。這時，可以去強化這個痛點，告訴對方，如果不解決，會造成什麼樣後果。

第四個是P，Pay off，回報

這時候，要引導客戶想像如果能解決了當前的困擾，會帶來那些好處？不過，這時候，建議業務人員反而不須要躁進。

成功往往是屬於那些耐心等待的人。「戰略型」的銷售，也不是很快就可以做到生意的。

第五個是S，Solution，解決方案

切記，當前面 GIPP 都結束之後，還是要能把牛肉拿出來。

「分時工作者」的時代來臨了

生命總是充滿了挑戰，
過去的我，只想著台灣的市場；
沒想到今天的我，
卻可以在兩岸三地打造品牌。

在浦東的台灣料理店，我見到了外派上海三年的石先生。石先生是物流業知名公司的高階主管，主要負責的是在新的市場貫徹總公司的營運理念和人才培養。他說：

「現在公司的人資單位，提出了外派之外的另外一種選擇，那就是每個月固定來大陸一趟，在固定的時間內（約一到二週）做完大陸公司的所有事情，然後就回到台灣去。」

他告訴我，由於現在直航的便捷，許多以往不願意外派長住在大陸的同事，現在也沒有再說「不」的理由了。

這四年來，石先生和家人兩地分居，先前台灣和大陸兩岸直航還沒有開通，單程最少也要十個小時。

然而在兩岸直航開通以後，石先生的路程假縮短為一天，從台灣到上海只需兩個多小時。

於是，現在有外派及出差以外的另一種工作方式正在形成，我稱它為「分時工作者」。

無論在飛機上，上海的餐廳，或在中國客戶的公司……我不只一次看到一批批來自台灣「分時工作者」的出現，改變長久以來外派中國的模式。

普瑪斯（Promax）時尚休閒機能包的行銷經理楊宏先生，就是一位典型的「分時工作者」。

他從二〇〇六年開始，在大陸和台灣兩岸分時工作，主要負責大陸市場的產品行銷。

至於他目前分時工作的狀態，是一個月在台灣，一個月在大陸。但在大陸期間，兩個星期在上海，一個星期在北京，一個星期在香港。

但在二〇〇六年之前，楊先生還是不固定的出差一族。

普瑪斯總部在台北，當時正處於向海外拓展市場的階段，隨著大陸分公司的設立，楊先生也就開始不斷地出差。

在幾年的打拚後，楊先生的工作狀態漸趨穩定，從一開始不確定因素太多的出差，轉變到現在兩岸有「固定工作時間」的分時狀態。他告訴我：

「我非常喜歡接受新挑戰，因為在這裡可以看到自己成長起來。」

他也全心的希望，今後可以成為大陸市場的領導品牌。因為他感到：

「台灣市場很局限，你甚至可以想像得出十年以後的樣子；但在大陸，可能會完全不同。」

對於做了幾年「空中飛人」的楊先生來說，隨著兩岸直航，他的工作更稱心了。提到之前的兩岸往返，他頗多感慨地說：

「現在好多了。」

現在，如果需要，楊先生可以早上從台北出發到上海開會，中午就可以飛到北京去見客戶，而晚上就能回到台灣。正如楊先生所說：

「生命總是充滿了挑戰，過去的我，只想著台灣的市場；沒想到今天的我，卻可以在兩岸三地打造品牌。」

同樣也在中國的我，也能感同身受。我體會到他說的：

「能在世界的市場打拚，這過程與結果都讓我感到驕傲。」

你知道你在和誰交手嗎？

在中國有一群優秀的年輕人，
從來沒有想過，
幫別人打工會是自己一輩子的志向。
有人稱他們是「八〇後CEO」。

今晚在浦東陸家嘴的香格里拉酒店，朋友幫忙安排我跟一位「小」老闆見面。這位「小」老闆由於業務繁忙，約了兩個星期，終於等到她有空。約好見面的時間是傍晚六點半，當她出現已經將近七點半。

我面前的這位「小」老闆，僅有二十三歲的年齡，但是她卻很勇敢的在去年十二月創業。

由於綽號小丸子，因此她的朋友都喜歡叫她「丸總」。

一頭俐落的短髮，穿著白色的POLO 衫，藍色牛仔褲，配上白色球鞋，白襪子。外表看上去就和一般的大學生沒什麼兩樣。不過，她居然已經是一家中資公司的老總。

綽號「小丸子」的丸總，從畢業到創業，一共工作三年。她的說法很真，也很有趣。

上班的第一天，她就告訴自己：

「我要當老闆。」

從學校畢業之後，她直接進入了一流的日資企業服務。

剛進入公司時，擔任助理的工作，到後來進一步可以獨自開發業務，最後連執行專案都可以一手包辦，前前後後花了近三年的時間，就把公司的大大小小事務全都熟悉了。

她很認真告訴我，在確認一切都準備就續之後，她打電話給她當時手中服務的客戶，告訴他們未來即將創業的想法。

讓她想不到的是，絕大部分的客戶，都給予高度的支持與鼓勵。

目前她自己公司的客戶，有一大半來自於之前服務的公司。因為她專業的服務與熱忱，更有許多客戶在她創業之後，再介紹客戶給她。我很好奇的問她：

「目前面對最大的難題是什麼？」

她想都不想，就告訴我：

「好人才難找，好的『業務人才』更難找！」

現階段，公司規模較小，所以薪資福利，無法與大公司相提並論。那麼，她如何在控制成本的前提下，同時吸引人才的加入呢？丸總說：

「我會以股份及分紅的方式，吸引優秀的業務人才。因為公司未來的成長，將取決於業務人才的加入與養成。」

我問她是否考慮台籍的業務人才，她的回答也很乾脆：

「只要有能力，Why not？」

緊接著她很認真的為我介紹目前的營業狀況、組織架構、流程分工與人員編制以及公司未來發展的方向。

在她的引導下，公司在只有丸總一人負責業務開發的情況下，仍然交出了一張非常漂亮的成績單，開業短短半年，就已經有穩定的獲利。

言談之中，在在讓我感受到她的熱忱與企圖心。實在叫人很難想像，坐在我對面的是一位年僅二十三歲的CEO。

但是，在中國這並不是個案。

在中國我所接觸的CEO比比皆是，而當中有著為數不少的人是創業型CEO，他們的特色是很年輕，並且都有著遠大的理想與抱負，部分甚至於根本沒有上過班。

資金對他們來說不會是問題，因為在中國有太多的風險投資者，找不到好的專案來投資。

至於丸總的公司，目前已有幾家公司跟她談併購，因為她掌握了眾多日商公司的資源。儘管如此，她卻說：

「目前我需要資金，短期也不考慮將公司與他人合併，因為這會與我的理念與管理風格不同。」

年輕的丸總對著我，堅定的說：

「這是我自己的公司，任何決定我說了算！」

在中國有一群優秀的年輕人，他們很輕楚自己的目標，從來沒有想過幫別人打工，會是自己一輩子的志向，對於工作與人生的定義，也有著自己的一番詮釋。

有人稱他們是「八〇後CEO」。

在中國，他們不只有網站、部落格，甚至還有專人為他們出書……他們無疑成為中國新新人類當中，最有代表性的一個族群。

用餐結束時已經九點半，丸總先行離開，她跟夥伴們約好了十點要到新天地的酒吧。

我獨自看著外灘的燈光，同時翻看著我手中台籍候選人的履歷表。這時，我想說的是：

「未來你不僅有可能進入中資企業工作，你的老闆或許就是中國『八○後CEO』。」

當家臣遇上傭兵

在「家臣」文化中，
老闆最在乎的是「忠誠度」。
至於高薪聘請的「台籍經理人」，
則是大陸老闆愛用的「傭兵」。
其概念就是「付錢買本事」。

這幾年我做兩岸人才的仲介，發現很多有趣的事實。我發現，兩岸的老闆連人才的品味都不太一樣。

隨著愈來愈多的台灣人才，「有可能」會碰到陸資企業的老闆，我分享一下我的看法，提供給台灣人參考。

雖然「人才」是兩岸的企業主都想要的，但對於兩岸的老闆而言，對「人才」的定義及要求不太一樣。

比較起來，台灣老闆比較愛「家臣」，大陸老闆比較愛「傭兵」。先分析台灣，台灣的企業多半是「中小企業」。

在台灣，由老闆主控的家族企業，員工可以分為「家具」、「家臣」、「家奴」等等。

某位朋友告訴我說，他現在是所屬企業的「家具」，是「擺著好看」的。雖然他在公司頭銜滿高的，但實質權力有限。

要當台灣企業內的「家具」，可能具有社會聲望或一定的知名度。

台灣老闆一方面是希望利用「家具」既有的人脈關係，擴展各類業務；另一方面，則希望利用「家具」的知名度，提升企業形象。

但是台灣企業內的「家臣」，則是專門替老闆處理「裡裡外外、大小親近事務」的人。

「家臣」的職務不一定高，但實權反而比「家具」大。包括老闆要處理難以告人的事務，不論是否與公務有關，都會被託付重任。

「家臣」的條件是對老闆忠心，口風要緊。必要的時候，還要替老闆承擔法律責任。

另外，為了混口飯吃而放棄尊嚴的員工，則為台灣企業內的「家奴」。

許多員工為了保有工作，常常要承受老闆的無禮對待；也可能為工作犧牲生活品質與尊嚴。不過萬一老闆出事，「家奴」是不必替老闆頂罪的。

台灣老闆最愛的是「家臣」。因為老闆對「家臣」有知遇之恩，台灣老闆也認為「家臣」需要「報答老闆」。

跟了老闆很久的「家臣」，往往很難開口跟老闆要加薪及福利，就算開口也很難得到認同。

這是因為台灣老闆認為「家臣」要「報答老闆的知遇之恩」，所以老闆喜歡享有「給的樂趣」，希望以自己的角度「照顧家臣」。

至於做得久的「家臣」，薪資是否跟得上市場行情？那就另當別論。

在台灣的「家臣」文化中，老闆最在乎的是「忠誠度」。至於做事是否能幹，倒是其次的考量。

陸資企業其實也有「家臣」，但台灣人沒有什麼機會在陸資企業當「家臣」。

對於台灣的人才，大陸老闆喜歡用「傭兵」的角度來看。像高薪聘請的「台籍經理人」，就是大陸老闆愛用的「傭兵」。

用「傭兵」的概念就是「付錢買本事」。大陸老闆可以用高薪聘請台籍經理人，台籍經理人就拚命幫忙打天下、貢獻know-how、提升市占率。

比較起兩岸的老闆，大陸老闆是「pay for performance」，是以「薪水」來買「表現，買績效」的，是銀貨兩訖的概念。

因為有績效的時間截點、要量化產出，所以好像沒什麼人情味。

然而，優點是稱職的人，可以獲取高報酬，價值反而被看見。

許多台灣老闆因為有濃厚的家臣概念，是「pay for relationship」的，是以「薪水」來買「關係」，量化表現的概念低。

這樣做的缺點，是家臣真正的工作價值，不一定會被看見。那麼，薪水就變老闆的自由心證，家臣想要談也很困難了。

職場裡「最鐵」的關係

相較於台灣的商場，
大陸的商場更是重視關係。
一旦對方因為某種原因，
跟你成為「共同體」，
未來他會提供你資訊及機會。

在古往今來的商業世界裡，要想順利發展業務，「關係」絕對是不可或缺的一部分。

人脈等於錢脈，在大陸經商做生意，跟其他的地方並沒有什麼不同。

前一陣子到深圳去演講，認識了跟我一同擔任演講嘉賓的X先生，他是湖北人，曾在台灣某上市公司任職，主要的工作就是擔任該企業跟大陸政府的窗口。他跟我說：

「企業在大陸要賺大錢，就要跟著政策。」

這一點我深表同意。

仔細想想，至少我身邊就有好幾位老闆是這樣發達的，於是我又接著趕緊追問了一句：

「怎麼知道政策風向將往哪兒走呢？」

他的回答也很妙，他說：

「這就是我過去幾年工作中的三個重點了。第一是關係，第二是關係，第三，還是關係。」

現在他自己創業了，看來他應該清楚政策往哪兒走了，並且跟著政策走了！賺錢的機會當然比人多。

相較於台灣的商場，大陸的商場更是重視關係。

在大陸最鐵（指很深，很強）的關係是什麼？有一句順口溜，對於最鐵的關係下了如此的註解，它是這樣說的：

「一起扛過槍，一起同過窗，一塊嫖過娼，一起分過贓」。

雖然聽起來是玩笑話，但其中仍有部分道理（當然不包含後兩句）。

所有有經驗的生意人都知道，關係有多重要，尤其是一起「同過窗、扛過槍」。現在就將這正、負描繪關係的各兩句話分別分析如次：

一、一起扛過槍

現在真正一起扛過槍的關係，在大陸本地也不多了。何況大陸人當過兵的比例不高，所以並非泛指像在台灣一起當過兵的概念。

簡單的說，就是曾經共同為國家、為民族、為理想一起出生入死，一起吃過苦，有過同生共死的老革命道義和情感。

這就是「一起扛過槍」所蘊含的最實在的關係元素，其鐵的程度遠非同鄉、同宗、同道、同儕或同學、同好等關係可比。

二、一起同過窗

大陸「同窗」的人脈概念，跟台灣其實是很像的。

如果是一般正規大、中、小學校的「同窗」，就有「自己人」的概念。因此彼此生意的機會及資訊的交流，都顯得理所當然。

就像如果過去你就是念了知名大學，同學程度本來就好，自然可以多交流，會互相幫忙。

但如果過去的「同窗」資源不夠，則可以透過「在職進修」來補強。

這也是為什麼近來MBA、EMBA、CEO學分班或高階經理人學分班……大大風行的原因。

很多台灣人要到大陸發展事業，也從就讀大陸的EMBA開始。至於要選定什麼學校？這要看你未來發展方向來訂。

因為在大陸每個不同的領域，都有其相對應的學校。在該領域愈出名的學校，往往學長、學姊在該領域都已位居要職，因此「同窗」價值愈高。

畢業後，也要記得定期參與聚會，往往投資報酬率很高。

三、一塊嫖過娼

從大陸各地餐飲，娛樂場所的發達程度，就不難想像它的商業文化了。談到「嫖娼」，我們不必以字面意義來解釋其內涵。

在大陸的商場社交環境，用廣義來解釋，就是吃飯喝酒……等等的交際文化。甚至包括按摩、洗腳等等都算。

其實交際應酬的背後，為的不也就是關係的維護與增長？

四、一起分過贓

談到「分贓」，在這裡也不必以字面來解釋其內涵。

「分贓」可以是「分享有價值的資訊」，因此，與目標對象結合而成為「利益共同體」。

一旦對方因為資訊或某種原因跟你成為「利益共同體」，未來他也會回饋你資訊及機會。在大陸的商業環境，「利益共同體」是最緊密扎根的人脈關係之一。

人脈等同於錢脈。無論如何，我們都必須承認：建立人脈是「認識生命中的貴人」最有效的方式之一。

同時，建立人脈也是幫助個人事業、幫助業績成長的一種方式。

透過社交活動建立人脈，是一種「決心」加上一種「行動力」。

而且，你愈常參加社交活動，就愈容易克服個人性格上的因素，及這種跟他人交際的壓力。因為如果你經由練習知道人際往來的原則，就會在社交場合更有自信，更活躍。

參加聚會、參加社團、擔任義工、建立人脈，以及與人為善，都能幫助自己開啟許多扇門。

只有用正道去發展正常的、好的關係，這種「關係」才會可長可久。

如果能夠再適時充實自己，提高自己的光度和熱度，不斷的走出去，就比較有機會遇到對你有幫助的人。

於是，也就更能營造自己職場中有益的天時、地利、人和的「鐵」關係。

兩岸大學生的未來怎麼比？

在大陸，
要有野心，
有一個明確目標，
才能分到大塊的蛋糕。

台灣的高中畢業生，十來分也能上大學，這讓我大陸的客戶老總們，覺得不可思議。

因為在大陸，年輕人要上大學很不容易。自大陸一九七七年恢復高考，當年考生五百七十萬，錄取新生二十七萬。即使到了二〇〇八年，錄取人數約六百萬，錄取率也只有百分之五十七，考入「一本」（大陸稱一流的大學為一本）更是就業的保證。

這和台灣的情形相距甚遠。

最近，我接受一個採訪，採訪我的是一個還在念大學的實習記者。和這位實習記者小楊簡單交談後才知道，原來她是某師範大學中文系二年級的學生，現在正在報社實習。她告訴我：

「在上海這樣一個國際大都市，競爭是十分激烈的。要進一所好的大學，你的競爭對象是全國優秀的學生。」

但就算是大學畢業後，競爭依然激烈，面臨的又是就業的壓力。所以楊同學告訴我：

「從進大學以後，我就開始去不同的地方實習或者兼職。就目前的就業形勢來看，很多公司都很看重學生的實習經歷。」

這讓我想到，經常有不同公司的招募主管，會開玩笑說：

「與其教一隻雞上樹，不如直接招一隻鸚鵡。」

所以，上海學生都會利用假期參加實習。一方面可以補貼自己的開銷，一方面可以增加自己的閱歷。她還告訴我：

「學校會設立很多勤工儉學（工讀）的崗位，學生可以做家教，可以在學校的報亭、奶茶鋪工作，也可以在圖書館裏兼職。」

小楊是讀中文的，所以她做外國人的漢語老師，一個小時五十到七十元（人民幣）不等。

圖書館的兼職，一個星期需要去十二個小時，一個月四百元左右。她表示：「同學都會在假期裡，找不同的公司或單位實習，有的在廣告公司兼職，一個月有兩千元的收入。」

有些公司按天算，基本上七十到八十元一天，一方面補貼生活費，另一方面也積累工作經驗與人脈，為以後找工作做準備。

豐富的實習經驗，不僅能幫助這些即將畢業的大學生，今後可以走進大公司，也關係到他們是否有能力拿到高薪。

據我所知，上海大學畢業生一開始的薪資就非常不同。最普通的水準，在每月三千人民幣左右。

但如果你是優秀的理工科學生，可以進「通用」這樣的大公司，那一開始的薪資就能拿到六千人民幣。

她的同學中最高薪的是投資銀行和諮詢公司，譬如拿投資銀行來說，本科畢業生的待遇一般在年薪三十萬左右，而且還會有分紅（不會少於十萬）。

楊同學當時就給我講了一個她同學的例子。

那位同學姓黃，現在在麥肯錫諮詢公司實習，現在每天的底薪是一百八十元，每天可以拿到一百八十元到三百二十元之間，忙的時候會更高一些。

黃同學本來是電氣自動化專業的，他的目標就是進最好的諮詢公司——麥肯錫諮詢公司。

為了要進這間公司做諮詢，無論專業、頭腦、能力、英語等都非常非常重要，因此他從大三開始計畫，用了兩年的時間轉型，從技術、研發、技術支援、銷售、市場、市場專員到諮詢。他說：

「這些實習並不是僅僅為了簡歷好看，每一步都是為了實現自己的目標。」

在陸籍同學的身上，我看到台灣同學所少有的，那就是目標與野心，以及一步一步鋪陳的執行力。正如楊同學說的：

「在大陸，要有野心，有一個明確目標，才能分到大塊的蛋糕。」

在楊同學完成採訪後，我獨自坐在小茶館裏，不禁憂心起台灣的大學生未來。

在台灣這樣一個很容易就可以進大學的地方，年輕人有想過自己的未來嗎？

如果台灣的年輕人學習的底子不扎實，又缺乏企圖心、方向及執行力，未來將如何面對中國這個競爭的舞台呢？

讓自己不容易被取代

企業的任何決策，
一定要做最好的準備，
也要做最壞的打算，
而關鍵就在於設立停損點。

五年前，高立在台灣創立了故事城堡，以「講故事」的方式，引導小學生開啟學習興趣。

二〇一一年秋天，故事城堡在台灣已有四十二家的連鎖，在大陸南京、無錫、大連、張家界等地，已有五家子公司及十四個據點。

高立透過在大陸培訓子公司、在各地設立據點的策略，二〇一二年秋天，會有三十五家故事城堡在大陸當地啟動。

故事城堡已經在台灣經營的有聲有色，去大陸擴張顯然是高立的另一大挑戰。

談到跟兩岸相關的工作問題，高立認為：

「台灣人不管是創業，還是要擴張版圖，或僅僅是上班族職場上的工作競爭，都不免會和對岸人才有所牽連與互動。」

如此一來，台灣和大陸的合作或是競爭，將是無可避免的。

因為無可避免，台灣人如果逃避這種挑戰，不願接納與瞭解對岸的種種情況，將會損失掉許多千載難逢的機會。

所以，高立選擇進入中國，是多給自己機會。同時也像八爪魚一樣，藉此學習不同的能力。他鼓勵台灣年輕人：

「不要有鎖國的觀念。既然與對岸面對面接觸不可避免，如何用正確、客觀的態度去應對處理，是必須培養，也非常重要的一種能力。」

高立觀察到目前仍有許多台灣人，對大陸有負面的既定印象，所以不願接觸，不願溝通。

但台灣人其實可以「用自己的感官」去親身感受，然後再決定要用什麼看法，來看待中國大陸的人、事、物。

高立接觸到的大陸年輕人學術涵養都不錯，雖然大部分大陸年輕人面對外面的世界仍非常陌生，然而因為「充滿好奇心」，所以拚命吸收知識。

在「巨大的好奇心」驅策之下，這些大陸年輕人未來將累積的能量，一定非常強大。

故事城堡在對岸開創事業，高立說：

「企業的任何決策，一定要做最好的準備，也要做最壞的打算，而關鍵就在於設立停損點。」

一旦設立了停損點，即使發生了意外，也不會傾家蕩產，這樣才可以專心一致的朝目標邁進。

至於在大陸開展，面對兩岸文化的差距，究竟該如何調適？高立笑著說：

「大陸人常說一句話：『說出口的話一言九鼎，說出來的話比寫什麼都有用。』但這只是一種說法而已。」

面對兩岸的企業合作時，高立覺得還是要以律師出的白紙黑字，用如履薄冰的態度面對比較穩當。

大陸人經常「說是一回事、做是一回事」，這是文化上的問題。所以，讓合約寫得清清楚楚，有法律保障，彼此就不太會去冒犯到對方的底線。

還有一種現象，就是兩岸的人在交手時，常常會因為「誠信」的問題而感到不愉快。但是高立認為：

「這是兩岸的人把『誠信』放在不一樣的位階，如果了解到這一點，就知道該怎麼處理了。」

大陸人口很多，相較於台灣，競爭是數倍的激烈，所以碰到想競爭的目標時，兩岸的處理事情模式會很不一樣。

大陸人的一些作法，在台灣人看來是沒有道義的。但在大陸，「抓住機會，拿來即用」，則是常有的習慣。

舉例來說，高立曾帶台灣員工到大陸出差，對岸的合作夥伴，不管彼此之間存在的合作關係，只因為認為高立的員工有價值，馬上試試看是否可以挖角。

他們對高立的台灣員工動之以情、誘之以利。等到無法挖動台灣員工時，還回頭問高立：

「你的人我怎麼挖不動？」

對謙虛有禮的台灣人來說，大陸人「拿來即用」的觀念，可說是令人相當震撼。不過，高立說：

「這就是兩岸對『誠信』放在不同位階所造成的典型範例。」

台灣人將「誠信」當成價值觀最高位階；但對大陸人來說，他們將「利益」放在「誠信」之前，因此他們的誠信可以因時因地改變。

這就像野狼吃肉本來就沒錯，但對草食性的羊來說，卻無法理解。只要了解了這點，雙方的互動反而容易。

台灣人做事細膩謹慎，相處禮貌又非常謙虛；不過，在大陸，謙虛卻容易被看輕，所以一般對前往大陸開疆闢地的人，都會建議：

「不要對大陸人太好。」

但這其實也只是兩岸文化不同。

大陸人的積極、野心勃勃，是高度競爭環境中，所磨練出來的性格表現。一旦台灣人知道這點，也可以調整作法。

企業到大陸去開疆闢土，為了不被對岸的合作夥伴吃掉，高立說：

「在合作的過程中，不要一股腦將所有know how馬上釋出，還是要讓自己不容易被取代。」

所以，故事城堡永遠找最新、最好的產品及服務根留台灣，並將研發做好；如果對方毀約，故事城堡將know how及品牌握在手上，也會有更多願意合作的對象接近。

他認為到大陸，要讓自己有「被選擇」與「選擇他人」的機會。

故事城堡做大陸內銷的服務，將產品「本土化」也很重要，而不是一股腦將最好的通通向外送。

對台灣最好的產品，對大陸來說就不一定最適合。要在當地做生意，符合本地人的需要還是重點。

目前大陸一九八〇年代的年輕族群，大概有兩億多人，他們是世界第一批「一胎化政策」下的孩子。現在，他們也開始生孩子、創業了。

故事城堡如何乘著浪頭在大陸開花？高立的策略是讓水漲船高，也要「將船做堅固」。

當中國獨生子成為社會中堅的世代來臨時，台灣人能得到什麼？高立說：「台灣人千萬不能固步自封，一定要與對岸做連結。了解對方非常重要，所以，趁年輕一定要到對岸看看，這樣必有收穫。」

其次，跨領域能力的培養非常重要。

學習有金三角：第一是動機、啟發；第二是方法，就是如何身體力行；第三是環境。

所以，他也非常鼓勵年輕人多多參與不同的事物，學習在不同情境中處理問題的能力。

這是最好的時代，也是最壞的時代，一念之間，就決定了成敗。

職場需要的行銷力

3

CHAPTER THREE

客戶的需要，就是我們的需要

好的產品與服務，
都來自於「客戶需要」。
所以，客戶需要什麼，
我們就提供什麼。

職場如戰場，常勝將軍不只是因為他會打仗，更重要的是他善於選擇戰場，這道理用在職場上也一樣。

看起來很年輕，笑起來很淘氣的劉平，原本是華航空服員，但三十歲不到，她就毅然決然放棄高薪的空服員工作出來創業。

多年來，業務不斷拓展，現在她已經將事業擴展到兩岸，是炙手可熱的空中飛人創業者。

劉平創立了兩家公司。一是二十幾歲成立的空服員補教機構「空勤學園」，二是她在三十幾歲創立，提供服務業教育訓練的「普杜國際」。

從空姐到創業家，人生可說是「大轉彎」，然而劉平卻也在轉彎處看到美妙的好風景。

劉平在當空服員以前，曾做過保險業務員、英文老師、廣告公司企劃等各式各樣的工作，一路上跌跌撞撞。

後來，她考上了華航空服員，因為這是一份高薪又吸引人的工作，許多人艷羨不已。

因此，常有人問劉平：「到底要怎麼樣才可以變成空服員呢？」

劉平這才發現：「原來有這麼多人想考空服員，卻不知道該如何準備。」

於是，她決定開始提供「教大家如何考空姐」的服務，並打算以此創業。

在華航時，她開始寫一些有關航空公司求職者的問題回覆，而這些累積下來的筆記，就成為她「空勤學園」的第一套講義。

當然，創業的過程中，挫折難免。碰到挫折時，朋友建議她去算命，但劉平不相信算命。

朋友問她：「難道你都沒有疑惑嗎？」

劉平說：「我沒有疑惑，只有三個『困難』。」

這三個「困難」，分別來自「環境」、「顧客」及「員工」三大方面。

談到「環境」帶來的困難，劉平舉例：像是過去兩岸一直不三通、國內外空難事件、SARS等等，這些「環境因素」都對「空勤學園」造成很大的困難。

尤其是在二〇〇三年，台灣發生SARS那段期間，「空勤學園」幾乎沒有人來上課。每天，她只能跟員工們乾瞪眼，而且家人也很擔心她。

那時候，空勤補習班一片大蕭條，同質性補教機構紛紛轉行，但劉平經過冷靜思考，她想：

「既然沒有客戶，那何不藉此機會進行內部整合？」

於是，她利用五、六個月的時間，將公司資料電子化，並導入ERP系統。她的想法是：

「你有時間抱怨錯的時機，就有時間冷靜下來做對的事情。」

當時許多同業已經將空服員補習班，轉型為英文補習班時，劉平還是堅持原有的初衷，就是幫助學員找到空勤工作。

果然，堅持下去的人有福了，奇妙的事就這樣發生。

SARS期間，忽然各大媒體開始爭相採訪她，原因無他，因為其他同業不是轉型，就是倒了；媒體對於蕭條卻又不可能完全消滅的航空業，一遇到與航空相關的話題，都是處處有問題，卻處處沒人可問，於是大家第一個想到的，就是仍然堅持在這一行裡的劉平。

這段時間空勤學園因此得到許多免費廣告，大大曝光，打響了知名度。對劉平來說，這是個難得的機會，她說：

「在環境最差的時候，竟然是我最好的機會！這也驗證了『上帝幫你關一扇門，就會幫你開另一扇窗』。」

她的第二個困難，是來自於「顧客」。

時代變遷之下，顧客對產品、服務的要求不斷改變。

為了讓顧客的滿意度提升，原本公司只有三種產品，到現在公司已經有三十八種產品了。

第三個困難，則是來自於「員工」。

舉例來說，一開始，公司請的可能只是小助理，所以只要專科畢業就好；但現在的員工可能需要英文更好，工作態度也要更好。所以，管理員工已經成了重要的課題。

其實，劉平創業之初，就曾遇過員工一起辭職的困境，自己卻只能獨自掉淚，不理解為什麼員工無法體會身為雇主的苦心。

另外，困難除了來自「環境」、「顧客」及「員工」之外，還有一個從未預料到的，是她的婚姻。

創業初期，他們夫妻一起工作，公司也有很好的發展；但開了分校後，他們分別管理，漸漸婚姻就開始遇到一些問題。

離婚多年後回頭想想，她覺得上帝給她這個任務，一定有祂的意義在，只是當初自己年輕，不懂得如何處理。

她回憶當初前夫說了一句話，這句話給了她重重的打擊，卻也給她力量。前夫對她說：

「我看妳不過就是一隻麻雀，沒了我，看妳怎麼樣變鳳凰？」

劉平說：「這句話從妳愛的人口中說出，真的很傷人，但是我之所以還能堅持到現在，也許就是因為『不服輸』的個性，給了我不敗的力量。」

許多人認為她是女強人，而女強人給人的第一印象，就是「什麼都想贏」。

但劉平卻說：「我不是想贏，我只是不想輸。」不服輸、盡全力的性格，應該是劉平事業成功的原因之一。

譬如客戶對公司的抱怨，她能做的，就是盡全力讓客戶滿意。漸漸地積累客戶滿意度，就這樣空勤學園成為一種被信賴的品牌。

創立「空勤學園」成功後，許多空服員在退下航空工作後，紛紛來找她，這也都賦予她更多的使命感。

於是，在她心中就衍生了「普杜國際」的成立。

許多人覺得空服員光是「好看的花瓶」，一旦從航空業退下後，就再也沒有其他出路。

也許是因為她們原有的航空專業知識，在其他行業根本派不上用場；而空服員擁有的服務特質，又不甘心去做服務業的工作。劉平想：

「空服員的入行門檻高，退下來時的條件也不差，我到底能為這些空服員做點什麼呢？」

後來劉平想到，空服員既然具有豐富的旅遊經歷及幾千張照片，為何不到學校演講呢？

當她開始到各個學校談「空姐甘苦談」的同時，她發現有越來越多學生，透過對這份工作的了解過程產生興趣，於是，劉平打算提供更多不同的產品與服務，可以幫助更多人。劉平說：

「好的產品與服務，都來自於『客戶需要』。所以，客戶需要什麼，我們就提供什麼。」

至於如何行銷及包裝，則是劉平最喜歡做的事。除了「空勤學園」，劉平在二〇〇七年前，又成立了普杜國際有限公司。

初期普杜國際有限公司的LOGO，是中國的文器所組成的，分別是中國結、書法、琉璃及玉器，而意義是琢玉成器，希望將每一個素人雕琢成材，為企業所用。

所以普杜公司目前提供中小企業訓練課程如：客服訓練、銷售訓練、口語表達及拒絕處理等客服訓練業務。劉平認為：

「空服員擁有良好的適應能力，到各個國家出差絕對沒有問題，而其他的優勢還有外型的條件、外語能力、口語表達及高水準服務品質，可以成為服務業訓練這方面的專家。」

「口語表達」在服務業裡有多重要，劉老師舉了個例子。

病人開刀前絕對不能喝水，但有個病人口渴得不得了，就偷喝了一口，恰巧被護士發現。情急之下，護士跟病人說：

「你怎麼『偷』喝水？」

病人一聽，氣得跳腳。

其實，護士若不是用「偷」這個字，同樣能表達要病人開刀前不該喝水的禁令。在這方面，通常受過訓練的空服員，遣詞用字、應對進退反應會更佳。

這些自然散發出來的習慣，對很多卸下空服勤務的人來說，如果運用得當，在其他行業裡依然大有用處。

普杜國際有限公司的設立，就是要讓這些退下來的空服員，可以發揮他們的專業才能。

因為亞洲人口多，又有消費能力，目前世界各大航空公司都進駐亞洲，特別是中國大陸，現在也有許多航空補教業者到當地提供服務。

從二〇〇九年開始，劉平就常到上海、北京、瀋陽等地，將台灣教材影音化之後帶到中國去，將事業擴展到大陸。而關於智慧財產與know how，也必須有完善的保護措施。

這兩年，劉平經常與對岸的學生接觸，在當地有一個「空姐社區」部落格，才經營兩個月，會員就高達七百六十萬人。可見這樣的服務，對他們來說是非常需要的。

連大陸求職者都發現，原來有這麼多需要注意的小細節，而這些精華內容，都來自於台灣文化經驗的訓練。劉平高興地說：

「台灣的服務業訓練，仍然佔有優勢，所以到對岸發展，還有許多機會與空間。總之，客戶的需要，就是我們的需要。」

不再是當年那個甜美而青澀的空姐，堅持「客戶的需要，就是我們的需要。」劉平果真也走出她的一片天。

「玩」得認真，就有好成績

挑選自己喜愛的工作，
就可以「玩」得很認真；
玩得認真，
就容易有好成績。

《論語．八佾篇》裡有個故事說：「子入太廟，每事問。」就是孔子到了周公廟，遇到每件事都要問一問。

有人便說：「誰說孔子懂得禮呢？他到了周公廟，每件事都要問。」

孔子聽了之後卻說：「這就是『禮』啊！」

「多問」，不但是職場中最重要的禮節，也是讓你開啟成功的第一把鑰匙。

除了多問，還要多跑。多問、多跑，就能累積好人緣；有了好人緣，創業還有什麼困難呢？李大華就是個最佳例子。

他原本在主播台已累積十年的經驗，也曾經同時是東森電視台及人間衛視的當家主播。

二〇〇八年他離開了新聞主播台，雖然沒有全面離開媒體圈，卻開闢了人生其他精采的舞台。

目前，李大華手上有三個廣播節目、一個電視節目，還兼任大學講師，另外也活躍地擔任台灣及大陸的活動主持人。

除此之外，他還有另一個身分，就是「餐飲業老闆」，而且，他可是一位親力親為、經營成功的老闆。

螢幕上的名人轉戰餐飲業，一般來說失敗的居多；但他的「牛禪涮涮鍋」開幕三年，每每一到用餐時段，就高朋滿座，可說是成功經營。

其實，李大華並沒有花錢買廣告。客人主動的「口碑行銷」，可說是「牛禪」最棒的宣傳管道。

這不只是因為「料好實在，價錢公道」，還有加上店主人不敗的「超人氣、好人緣」。客人感受到店主人明星魅力的氛圍，也是李大華開店成功的因素。

在他的店裡，常常出現以下的場景。客人邊吃邊想：「真好吃」時，一抬頭，眼前這位笑容可掬的型男老闆，感覺好像很「面熟」，是在哪邊看過他嗎？等到聽到聲音，才驚呼：

「哇！他不是新聞主播李大華嗎？」

在沒有主持節目的時間裡，李大華盡量都在店裡和客人互動。他往往當場示範烹調方法，教大家怎麼吃，也親自服務客人，讓客人有賓至如歸的感受。

離開主播台後，為什麼會做餐飲業？李大華笑說：

「沒什麼，就自己愛吃嘛！而且我還喜歡找朋友吃飯。」

就這樣，「找個好場地，煮些好東西，和朋友聚在一起」，三個條件集合起來，就讓李大華從型男主播變身為老闆，在二〇〇八年秋天開了牛禪涮涮鍋。李大華說：

「因為『家學淵源』，從阿嬤開始，我們全家都很會吃，很會做料理。」

從小耳濡目染之下，李大華才上小學三年級，就會做好吃的蛋炒飯。

之前當主播時，每到假日，他常約朋友到家中聚餐，做菜好吃是出了名的，就連電視台的賀歲年菜節目，也請他示範表演。

另外，除了家裡的耳濡目染，記者的工作，也讓他對「吃」的資訊，更能充分掌握。每逢到外地採訪新聞，他總愛問：

「哪裡有好吃的？」

如果吃到好料理，他的嘴也不只是忙著咀嚼食物，一定還會追問：

「這食材從哪裡來的？」

愛吃的李大華，一再發揮記者追根究底的精神，自然比他人更容易探索美食的世界。

經年累月下來，各種「吃」的資訊裝進李大華的腦袋。所以，當離開工作十幾年的主播台，開餐廳似乎是「順理成章」的事情。李大華說：

「我是用跑新聞的態度開餐廳，一切都是問出來的。當記者的好處，就是可以因為採訪，累積不少有用的人脈。」

所以，當他決定開餐廳時，一想到用哪種食材，多半很快就問得到；有開餐廳的疑難雜症，也很容易請教到對的人。因此，李大華轉業的勝算就比其他人高。

決定開餐廳以後，李大華發揮記者生涯跑新聞「快、狠、準」的專業，從決定開店、找地點，三天就搞定，選在「六條通」沿線的天津街。

這裡平時就是南京東路上班族用餐的餐飲街，周邊沒有其他涮涮鍋的店競爭，加上請到了知名料理店的師傅，三年下來，生意愈來愈好。

牛禪涮涮屋的一大特色，就是供應頂級食材，但走中價位的經營方法。因為這幾年景氣不好，客人總想要物超所值的享受。

關於這一點，牛禪在火鍋店在激烈競爭的台北市，受到酷愛美食的老饕肯定。至於食材，李大華必定是親自採買，這可不是一般螢幕上的明星做得到的工夫。李大華說：

「因為是興趣，所以親力親為並不會覺得太累。」

等到牛禪涮涮鍋因為好食材做出了口碑，在一年前，開始有生魚片、炙壽司、蓋飯等李大華親自研發的新產品，讓菜色選擇愈來愈多樣化，也讓季節影響生意的變數降到最小。

雖說許多的時間放在牛禪涮涮鍋，李大華的廣播節目、主持工作仍然持續進行。他分享他的筆記本，笑說：

「這是一般小學生都會用的工具。」

李大華的筆記本以日期一格一格的劃好，他每天把工作按部就班地填入，這樣就不會搞錯，也很容易拿捏比重及時間的安排。

忙不過來的時候，賢內助就在店裡幫忙管理。老闆及媒體人兩邊同時進行的原因，是因為兩者都是自己的興趣及專長，所以只要時間安排好，身體吃得消，就可以兼顧。

中年轉業對很多人來說都是壓力，但在李大華身上感受到的，是他在不同領域中游刃有餘、成功開心的氣息。

EQ極好的他，總是心境平穩的面對每一天的挑戰，他也透過運動，保持自己在媒體需要的外表及身體健康的狀態。他告訴我：

「我投入每一項工作，都是因為『愛玩』，一直挑選自己喜愛的工作，所以總是「玩」得很認真。「玩」得認真，就容易有好成績。」

至於好人緣及好人脈，更是讓他在不同工作上都得心應手。

無論你在職場裡擔任何等職位，好人緣及專業表現，都是你的行銷力及業務力。多問、多跑、人緣好，想要失敗也很難。

親愛的，我的職涯會轉彎

許多創業者的開始都是類似的。
當你在人生的某個階段，
遇到一個讓自己著迷不已的事物，
也許這就是你創業的起點了。

世上沒有一條河，是可以一百八十度直流到海的。職場裡的達人，往往也不是因為他的工作找得好，而是轉得好。

從編輯變成行銷推手，進而起身創業，年紀輕輕的李芷晴，她的職場可說是會轉彎的。尤其相對於她所處的大環境，更顯得奇妙。

華人的世界裡，台灣雖然有豐富的文化底蘊，可以成為文創產業發展的重地，不過，台灣的藝文界人士都會感嘆：

「對藝文界來說，行銷很重要；但是台灣的行銷人才，卻鮮少投入藝文界，以至於台灣的藝文產能發展有限。」

台灣的行銷人才鮮少投入藝文界就業市場，這件事其實並不奇怪。相較於其他行業的人，「行銷」背景的人因為對市場有更為敏銳的觸角及掌握度，其思維自然能被訓練得更商業導向。

於是，台灣的行銷人才在選擇工作時，自然會去選擇進入「獲利」較明確的產業或公司。例如消費性產業或金融業，或是規模較大的公司。

所以，外商公司或科技業公司等等，往往更容易吸引到優質的行銷人才。

另一方面，目前台灣的藝文市場不夠大，也是個事實，所以好的行銷人才多半會選擇其他的出路，這也是理所當然的事情。

但現年三十歲，舞蹈界行銷推手李芷晴小姐，卻是個異類。

她結合了自身對舞蹈藝術的興趣，及過去在其他產業行銷的學習，二十八歲時出來創業，成立了facebook愛舞社團Iloveraqs，與Dance art in Taiwan，致力於成為「舞蹈界」的行銷推手。

這是台灣年輕的行銷人才，投入藝術並以「低成本創業」的最佳範例。

大學畢業於保險系的李芷晴，因為在學校裡好學的形象及值得被信任的個性，一路走來，找工作無往不利。

李芷晴一畢業，就被老師引薦到某保險雜誌做編輯。雖然是編輯，但因為在人員不多的小公司工作，其實是什麼工作都要做、都要涉獵。

原本這件事對很多年輕人是個磨難，但對於李芷晴來說，年紀尚輕就有機會可以參與採訪、編務、印刷、美術、通路等等工作，雖然看起來工作很重，對她而言，卻是「時間成本最低，又有薪水可領」的難得學習機會。

後來，李芷晴被一位客戶提到的「廣告將走入網路」說服，她轉行到整合行銷網路公司當企劃，開始涉獵網路的種種。

因為這家網路公司的規模不大，她不僅必須趕緊學習網站企劃、網路行銷的種種學問，還必須經常扮演「業務提案」的腳色。

雖然忙碌，但學習更為多元；她的職能也從採訪、編務、印刷、美術、通路等等，更加上網路知識及業務提案能力，技能更為齊備。

後來，她又被引薦到上市的網路公司當企劃，有人緣又有能力的她，職場發展可說是非常順利。

不過，二〇〇九年時，從小學習芭蕾舞的她，因緣際會涉獵了肚皮舞，也深深愛上了肚皮舞這種藝術表演。

在理性思考下，李芷晴辭去了上市的網路公司的企劃工作，並到美國短期進修舞蹈。

回來以後，從來就不衝動行事的她，卻毅然以「一人工作室」起家，開始創業。她做的是舞蹈的推廣及經紀公司。

目前，她不僅是肚皮舞者、開課的舞蹈老師，還是一位舞蹈文化的行銷工作者，並從事國外舞者經紀類的工作及辦活動。

這是她結合了個人興趣，以及把過去的經歷及學習組合起來，所發展出來的創業模式。

她給自己一年的時間全力衝刺，二〇一一年六月，已經開辦了國外老師的課程並有獲利。

十一月，又有美籍老師的大師營，李芷晴自己的「一人創業路」，可說做出了小小的成績。她開心的說：

「當初我的父親，也是從鄉下到台北，白手起家。因為他的精神感召，我認為只要努力，一切都是有可能的。」

對大部分的人來說，肚皮舞是如此的媚惑，能讓身體更有吸引力，所以大家學舞的動機多半來自於此或是減肥。

但對芷晴來說，其實是因為過去熱愛打籃球的她，因為想練「肌力」，所以專心投入肚皮舞練習，沒想到一學就被迷住了。

這也是一種另類的動機。

學習肚皮舞的過程，讓芷晴對中東舞蹈本身的歷史背景與文化接觸變多，於是對中東文化豐富多元，有了更深入的瞭解。

李芷晴創業之初，因為是一人公司，資金也很少，於是，她拿出在網站公司學到的絕活，自己開始「架設網站」。

有別於將網站外包出去動輒幾十萬的資金，及後來要維護的昂貴成本，自己架站、自己維護的李芷晴，僅僅投資了一萬元到補習班上課學網站技術，就架起了屬於自己的網站，讓自己的公司有個虛擬的基地。

網站的成本不等於網站的內容，成本吸引不了人，內容才是吸引人的重點。李芷晴對網站的企圖心，是希望讓國外偉大的舞蹈家和台灣愛好肚皮舞的人，可以有更近一步的經驗交流。

於是，李芷晴拿出當初在保險雜誌的編輯採訪功力，從採訪國外舞蹈家開始，介紹其背景及成功經驗與大家分享。李芷晴說：

「台灣舞者與國外舞者交流，最大障礙其實是在於『語文』。」

所以，李芷晴將採訪文章寫成中英文對照的雙語版本。這就是她網站內容的獨特性。

同時，李芷晴也接觸了不同種類的舞蹈，如：肚皮舞、爵士、當代舞蹈、街舞等，希望自己能夠融合並內化多元舞蹈風格，於是更加積極地開始與大師們相遇、探索學習。

李芷晴認為，只要能引起台灣那些想「學習舞蹈」或「欣賞舞蹈」的人對於大師們的認識，就可以開辦課程，讓她的工作室可以持續營運及發展下去。

要用最低的成本，將新的藝術產品（國外大師的舞蹈教學）行銷出去，還是必須透過網站內容及網路行銷。

所以，李芷晴在臉書（facebook）上創立愛舞社團Iloveraqs以及Dance art in Taiwan，也在大陸設立一些社群網站。

透過網路上無遠弗屆的分享，匯集更多舞者與喜愛舞蹈的人，在這個社群中交換學習經驗與資訊。

後來甚至有很多大陸人士，也想到台灣學習這些國外大師的課程，這就是透過網路行銷的必然結果。李芷晴說：

「透過網站、採訪及翻譯，讓台灣同好了解到國外舞蹈大師的資訊，是一種有效的行銷推廣。」她還包裝超值的舞蹈課程，邀請國外大師來台灣開班授課，讓台灣舞者不用出國，也可以學到國內沒有的舞蹈技術，這也成為她的商機。

她主要宣傳的網路工具是facebook等社群網站、以及用美感十足、震撼人心的YouTube影片分享，吸引潛在學習者。

除此之外，李芷晴也授課投入教學。但是「教而後知不足」，她感覺自己應該學習的東西還真的太多，所以雖然很受學生歡迎，她授課的時數卻始終不多，因為她很清楚，自己還是要將時間花在舞蹈學習及推廣上面。李芷晴說：

「學無止盡，因此我必須不斷的進步，才可以讓身邊更多人一起成長。」

雖然目前是一人公司，常常面臨時間不夠、人力不夠的壓力，不過她卻相信：

「不是我做不到，是我以為我做不到。」

許多創業者的開始都是類似的。當你在人生的某個階段，遇到一個讓自己著迷不已的事物，也許這就是你創業的起點了。

這時候，你有想做的產品，你過去在職場的種種學習、以及累積的人脈資源，全都能成為你創業最好的資源及資本。

誰說年輕、錢少就不能創業呢？李芷晴給大家一個很好的示範：

「維持不斷進步的狀態，職涯是會轉彎的！」

無本創業不是夢

創業一定要很多本錢嗎？

「不！」

好的產品，好的業務行銷，好的夥伴，才是創業的王道。

林修禾，大學畢業於中央大學機械系，後來，在教育大學「玩具遊戲設計研究所」拿到碩士學位，目前，是台大機械博士班研究生。

可別以為他是一直不肯畢業的「專業學生」，林修禾今年才二十七歲，已經成功創立兩家賺錢的公司。

選擇念「玩具遊戲設計研究所」，聽起來這科系滿冷門的，但林修禾卻認為有大商機。

中央大學機械系畢業後，母親希望林修禾找一個安穩的工作，但是林修禾卻選擇去念「玩具遊戲研究所」，這個舉動，讓母親憂心到落淚。但是，林修禾嘗試跟媽媽好好溝通。

他告訴媽媽：記得小時候，我就跟媽媽說過，我長大要開玩具店，每一種玩具都賣十元，讓大家都買得起！

林修禾試圖告訴媽媽，他是可以完成夢想的。

到了二十四歲，林修禾在就讀「玩具遊戲設計研究所」期間，開始第一間公司。這家公司名為「巧盒玩具發展有限公司」。

大學是機械系畢業，碩士是教育大學玩具遊戲設計研究所，這兩種才能剛好可以串聯。於是，林修禾結合了所學與興趣，以發展「才藝類型」的「玩具教育」公司起家。

在大學的時候，林修禾就以家教的方式帶小朋友玩，那時他發現：

「教育是可以跟玩結合的。」

創業後，林修禾的課程設計以「思考如何給小朋友帶來快樂」，試圖把玩和教育做一個整合。

「巧盒玩具發展有限公司」設計了針對國小學生、國中學生的玩具課程為主軸，同時，也針對銀髮族設計課程。他把銷售對象及產品線拉開，經過實驗，將最主力落在幼稚園及國小。

巧盒玩具發展有限公司最主要是「設計課程」，而且，從課程中，訓練學生啟發創造力，要破壞既有的窠臼，並創造新的東西出來。

一開始，巧盒玩具發展有限公司先與學校配合，後來，也與許多補習班開始合作，同時也有一間自己的教室來授課。林修禾透過遊戲、玩具、刺激創造力，並得到市場認同而獲利。

非熱門科系畢業的他，因為落實了一個好想法，二十五歲第一次創業就賺錢。不過，林修禾知道，創業不只要有好想法，還要有志同道合的夥伴。

關於找夥伴，林修禾在大學時就開始了。

在大學時，林修禾就已經在社團中試圖組織未來的團隊，集合一群社團朋友，討論以後要做什麼。他的社團，一開始就說是「玩真的」，因為唯有「玩真的」才可以學到東西。

透過這種方法，林修禾在大學時，就已經開始找志同道合的人，所以二十五歲創立公司前，就已經找到值得信任的合作夥伴。

內部找到好的夥伴，創業後，也開始找外部的夥伴。

林修禾用創新的想法，把他的課程推廣出去。一開始先推到學校，從與學校異業合作開始。

當這些課程被台北教育大學認可，學習成功的學員，並可由學校發「證照」，取得合格證書。因為有了證照，就可以教特殊的才藝課程，也保證了工作機會。

當這種課程的產品被消費者接受後，需求帶動了市場，加上運用學校的通路非常正確，後來，又在補習班展演課程。

等到小朋友反應熱烈，就再進一步合作，結果，效果依然非常好。林修禾因此認為：

「自己的未來，是可以由自己創造的。」

其實早在就學期間，林修禾就已先模擬他的商業模式，也開始存錢。

他在創業之始，僅僅使用大學打工存下來的錢，一直到公司業績較穩定了，才找正式的員工，所以一開始就沒有虧損的問題。林修禾說：

「大學時我就學了很多現金流的概念，為了夢想，我會先放棄一些享受，不會想一步登天。」

在築夢的過程中，林修禾已一步一步實現夢想；當有一點點成功時，再把步伐擴大。

後來，由於巧盒的設計能力已經足夠，網站也是自己做的，林修禾便把設計部門獨立出來，從產品設計、工業設計做起，成立了第二家巍智產品設計公司。

這家公司，可以幫客戶把想法產品化，幫客戶完成夢想。

等到確認設計的東西客戶都很滿意時，巍智開始設計自己的商品。

對於年輕人創業，當兵會是個危機。去年，林修禾去當兵，但兩家公司運作如常，這是為什麼呢？林修禾說：

「創業者要做到一件事，就是就算自己不在，公司仍能運作如常。就是要以組織來完成任務。」

例如，他在組織裡找一個經理人，並且以此考驗當他不在的時候，企業是否可以運作如常。

其實，林修禾在當兵時，也沒有閒著。

他發現很多人當兵時，都在擔心自己退伍後要做甚麼？

於是林修禾就趁長官不在時，在軍中開課，幫大家在軍中找未來的目標，這也是他第三家公司的雛形。

已有兩家賺錢公司的經驗，二十七歲的林修禾，退伍後開了第三家公司——富有豪豬有限公司，其主要目標仍是替人完成夢想。

富有豪豬的產品以「理財教育」開始，用課程教導大家，讓人不只擁有金錢的富有，還有心靈的富足。

從林修禾的例子中，我們看到了一個年輕人以自身所學為本，根據市場需要，加上創意創造獨特的產品，並透過自身的業務、行銷力，一步一步推廣，並且完成了夢想。

創業一定要很多本錢嗎？林修禾的答案是：

「不！」

好的產品，好的業務行銷，好的夥伴，才是林修禾創業的王道。

我們賣的是「快樂」

我們的核心價值就是快樂與公益。
得意吉不是在賣冰淇淋，
冰淇淋只是一個媒介，
我們賣的是「快樂」。

得意吉冰淇淋，是由台南起家。

成立於二〇〇九年「八八水災」那天的得意吉冰淇淋，是由阿得及一位工程師阿意所聯手創立。

目前，得意吉冰淇淋在南台灣有三家分店，因為不斷的創新及行銷，讓這家店持續成長，未來也將繼續進軍中台灣及北台灣的義式冰淇淋市場。

決定創業的源頭，和很多工時超長、壓力超大的上班族創業的動機很像。

奇美電的資深工程師阿意，厭倦了科技業的暴肝生活，痛下決心好好休息一陣子，於是來找好朋友阿得商量。

此時，阿得想起他認識一位代理義大利冰淇淋機器的廠商，於是向好友提出建議，鼓勵阿意可以去學做冰淇淋看看。

就這樣，資深工程師阿意花了六個月的時間，學習試做冰淇淋，沒想到越做越有興趣。他認為：

「不管是三歲小孩，還是八十歲老奶奶，都可以因為吃到好吃的冰淇淋而獲得快樂。」

也因為這個「可以讓人快樂」的初步想法，讓他們決定了要一起開一間冰淇淋專賣店。

負責「行銷業務」的阿得，決定要開冰淇淋前，也有做過調查。

目前台灣所販售的冰淇淋，大多是外來品牌，例如Haagen-Daz等；而國內品則有杜老爺、小美。

但這些知名品牌的通路，部分都是一般超商，口味也偏甜，市場上卻很少有義式冰淇淋專賣店。阿得說：

「美式冰淇淋英文為Ice Cream，Ice Cream好吃在於綿密的口感，製造時用大量的奶油、糖加冰製成；而義式冰淇淋的義大利文是Gelato，因為義大利政府規定奶油、牛奶的乳脂肪要低於百分之八（美式大概介於百分之二十到二十二之間），義式冰淇淋多以水果製成冰淇淋，對愛美的女性來說更為適合。」

也就是說，相較於美式冰淇淋，義式冰淇淋比較不甜，以健康為導向，所以兩人決定銷售「義式冰淇淋」，在台南開立「專賣店」開始創業。

既然以健康為導向，目前店內的冰淇淋水果原料，都是挑選台灣當季水果。例如像店內最受歡迎的芒果冰淇淋，就是採用台南玉井芒果。

另外在得意吉冰淇淋裡，特定季節還有麻豆的酪梨口味，或萬聖節期間的南瓜口味，都是使用台灣特有的農產品。

對於業務行銷頗有研究的阿得，在開店之前，在店名這件事上就頗費思量。

除了跟兩人的名字有關，得意吉對外的店名是Dishege，這是阿得與阿意的特別創造的單字，意思是傳達「美味・創意・滿足・幸福・享受」五大特色為訴求，這也就是品牌名稱的來源。

D是Delicious，I是innovation，S是Satisfy，H是Happiness，E是Enjoy，而Ge則是取義式冰淇淋Gelato的前兩個字母組成。所以，阿得笑著說：

「Dishege的品牌使命，就是創意美味，享受幸福，真是滿足。」

有了店名，地點選擇也煞費苦心。得意吉第一家旗艦店，位於台南的東豐路。第一家店不在熱鬧的商圈或百貨公司附近的原因，是因為阿得一開始就將冰淇淋專賣店，設定為創造「輕鬆休閒文化氛圍」的場所，所以將店址鎖定於台南市立文化中心。

本來，阿得好不容易與房東洽談好要簽約，卻因為競爭店家是較知名的連鎖髮廊，出的價錢高，房東就將機會讓給對方。

但忙了一陣子，卻在最後一刻錯失了想要的地點，阿得感嘆說：

「萬事俱備，只欠東風啊！」

但難過不到幾小時，當天才剛講完這句話的阿得，就真的在「東豐路」上，找到適合的地點，可說是非常有趣。

從第一眼起，阿得就覺得，東豐路這個地點更適合得意吉冰淇淋。因為東豐路是台南市最美的街道，很有異國風味，吃起冰淇淋會格外愜意。

但東豐路不算商區，那麼吃冰淇淋的人潮要從哪裡來？關於這一點，阿得倒是不擔心。

他認為店內冰淇淋的原料及技術都是高水準的，如果將店設在人來人往的賣場或商區，多半留不住忠誠客戶。

所以，阿得是希望透過真材實料，讓大家下午在家突然想吃冰淇淋時，就會專程到得意吉冰淇淋來消費。

也就是說，得意吉冰淇淋要的是「常客」，而不是「觀光客」。希望透過長久在客戶心中建立的信心，讓客戶可以特地到東豐路得意吉，享受冰淇淋的歡樂氛圍及時光。

至於如何將新品牌行銷出去？阿得在「讓大家信任新品牌」這一方面，也有巧思及執行力。他將每個月八號，定為東豐路店「得意的一天」。當日除了有買一送一的優惠外，也會將當日營業額的一半，捐助給弱勢團體。

也就是說，每個月八號，就是得意吉冰淇淋的「志工日」，透過付出，將企業社會形象慢慢建立起來。

因為是做好事，引發了許多媒體的報導。透過付出，得意吉的口碑已建立起來了。阿得說：

「大家除了享受歡樂，也可以幫助他人，真是一舉兩得。」

於是，每個月八號當天，得意吉的店內總是大排長龍。

另外，阿得也拜訪婚紗店，以「提供冰淇淋公關券」促銷，希望甜蜜結婚的新人可以一同到店內享受冰淇淋；有時候新人們的照片，還會出現冰淇淋成為婚紗照的道具。

這種與婚紗店的異業結盟，是成本不高卻有效的行銷方法。

還有一個很有趣的案例，就是有一位義大利籍的神父，竟然也搖身成了店裡的活廣告。

四年前義大利籍的神父來到台灣，因為教友的介紹，到店內吃冰淇淋。他第一次到店內，就大聲讚嘆：

「這是家鄉的味道！」

之後這位義大利籍的神父，就時常在假日時，到店內享用冰淇淋。得意吉得到他的肯定，比花錢登廣告效果還好。

二〇一〇年三月，剛好台南新光三越新天地的冰淇淋店撤櫃，他們積極尋找相關冰淇淋店。

當時，得意吉就因知名度不輸外國品牌，加上品質好被信任，於是順利在新光三越設立了第二間店。

過程中，阿得也發現：

「很多消費者因為逛百貨公司，無意中第一次吃到了得意吉，接著就會被導入東豐店，成為長期愛用者。」

第三家店的成立，則是來自於一位得意吉的熟客，因為他剛好就是嘉義家樂福的主管。

在他的推薦下，阿得接受了他的建議，將第三家店開在嘉義的家樂福裡，果然生意也很好。阿得認為：

「同一品牌的三家店，因為地點不同，客群也不一樣，所以應該要有不同的定價策略。」

不過想是可以這樣想，同樣的冰淇淋，只因為地點不同，價錢就不同，可能還是會造成顧客的反感。

所以，阿得設計了價錢較高的地點，同時分量也加大，這樣一來客人就可以接受了。腦筋一轉，阿得又解決了定價策略的問題。

冬天到了，但得意吉冰淇淋的業績，並不會受到很大的影響。因為阿得認為：

「和剉冰比起來，得意吉冰淇淋質地溫和，冬天吃也不算太過冰冷，還會別有一番滋味；何況店內還有搭配輕食及咖啡提供選擇。」

雖然冬天東豐店的營業額，還是會小小下降一點；但十一、二月剛好是百貨公司週年慶，新光三越的人潮增多，剛好補足了東豐店的不足。

阿得和阿意在創業路上，是典型的穩紮穩打。阿得給創業者的建議是：

「一定要做好計畫，先把資金與技術到位再開始。」

另外在品質上，阿得也提醒創業者：

「產品最重要的還是品質，千萬不要偷工減料、貪小便宜；唯有品質好，其他的行銷活動才有意義。」

儘管生意漸漸踏入坦途，但阿得對得意吉的願景，仍秉持著創業前的初衷：

「我們的核心價值，就是快樂與公益。得意吉不是在賣冰淇淋，冰淇淋只是一個媒介，我們賣的是快樂。」

行銷，是讓一個好產品，賦予更大的價值。產品的品質是猛虎，行銷就是翅膀。如虎添翼之後，還有什麼困難好怕的？

陸客帶來的「春天」

開放陸客自由行，
可以再給台灣帶來多少工作機會？
我無法評估，我只能說：
「還有不小的空間！」

在一次因緣際會下，我在台灣接待了一位「脫團」的大陸女企業家，當時她才三十八歲。

那時我在人力銀行服務，當然先帶她到我服務的公司，對她做了人力資源業的相關簡報，然後，招待她到一〇一大樓上吃飯。吃到後來，她忍不住對我說：

「文仁，其實，我真的很想逛街……」

我才恍然大悟，比起吃飯，她更有買的慾望，於是我匆匆結帳。

但是，商場再二十多分鐘就要關了，要買東西必須又快又準，這要很拚才行

（我這輩子都不曾這樣）。

我用小跑步，帶她到亞曼尼的女裝部。氣魄萬千的她，二十分鐘之內，在商場關門前，買了兩件單品，面不改色的花了十九萬元。

然後她交代店員，第二天在她中午上飛機前，把袖口改好後，送到圓山飯店。

她在遇到我之前都是跟團，在團裡，她被導遊帶到阿里山買茶葉。

據她告訴我，她跟老闆講：拿上等的茶葉給我。試喝以後，她說：

「一口價。你開個價，合意我就買，不合意我就馬上走人。」

老闆誠惶誠恐的說：「一盒半斤，兩萬元。」

這位女總裁眉頭也不皺的說：「好，十五盒。」

我在圓山飯店，看到了十五盒黃澄澄的茶葉禮盒，相信她所言非虛。

之前，我曾經加入過國內最大的旅遊集團，有幸參與過一次七星級的「醫療旅遊」行程。

這個「天團」的團費也超高，五天行程，一個團員費要價高達二十萬。我帶著他們進了只有咖啡香，沒有藥水味的健檢中心。

這家健檢中心一點都不像醫療院所，反倒像溫馨風格的高級旅店。團員中，最年輕的只有三十歲。

一天的健檢下來，大家的表情不像做完健檢，反而像做了一天的SPA。醫療旅遊行程當然少不了旅遊，而別具歷史情懷的「故宮博物院」，當然是不可少的景點。這群客人在「故宮博物院」買得盡興，比預計集合時間遲了快一小時。

從故宮下來之後，我又帶他們去了連台灣人都未必去過，別具歷史意義及傳說的「圓山祕道」。當客人出了祕道後，再請他們去吃了蔣夫人愛吃的圓山飯店桂花鬆糕。

這群貴客，對於我們安排的行程非常滿意。

前陣子我從台中坐巴士回台北，行經賣鳳梨酥給陸客聞名的「維格餅家」，發現竟然有了博物館，我猜應該是觀光工廠，一個鳳梨酥才二十元。維格餅家已創造一年四億的營收，現在，又結合了觀光及文創元素，分店愈開愈多，想必創造更多元的工作機會。

二〇一一年五月底，我去住了當時還在試營運的福容大飯店漁人碼頭的新飯店。飯店內部相當舒適，周邊的腹地，不乏具備台灣特色的商家，紛紛進駐。

福容大飯店漁人碼頭的新飯店，結合淡水周邊的迷人風情。我相信飯店的目標，也是瞄準陸客商機。

這兩年高檔飯店及舒適的平價飯店的開張及重整，都跟陸客商機有關。當然提供了成千上萬的「服務業」的工作機會。

二〇一一年秋天，我去了一趟香港。週日下午的尖沙嘴，人山人海簡直是擠爆了，在海港城商場，我看到可怕的繁榮景象。

在海港城，我觀察到，只要是陸客，很少「Window Shopping」，放眼望去，就是買、買、買。

據我觀察，香港店員態度不一定好（台灣服務業的態度較好），但陸客在香港照買不誤。

在尖沙嘴海港城三樓的書店，我看到一位大陸的觀光客，跟店員說：

「賈伯斯的書，十本；大陸貴婦生活，十本……」

一面喊著，一面催促旁邊的男人付錢。

連週一我去香港迪士尼樂園，也到處都是大陸觀光客。

排隊的時候，大陸觀光客還在討論，等會兒要買甚麼迪士尼產品？（就是那些米老鼠帽子之類的……）

我在香港雇用的「Driver Guild」，對於大陸觀光客又恨又愛。他酸酸的跟我說：

「沒辦法啊！他們很有錢，現在我們香港人，就好像是『大陸人的Shadow』（影子）」。

他的心聲，就像許多香港人一樣，但台灣人又何嘗不是如此。

我們不太甘心看到陸客揮灑金錢的氣派，也不願被他們的氣派壓過去；但是又無法拒絕這樣的商業機會，以及陸客帶來的繁榮。

就連兩個月前，我去西雅圖及溫哥華也看到類似的景象。西雅圖的一位朋友，也是當地富豪。不過，他笑著跟我說：

「買不到好房子了。最近大陸人來買房子，都是現金。」

以上都是我的親身經歷。

長期在人力資源領域工作的我，心裡最明白。過去十年，台灣人無論長幼，找工作時都在唉唉叫著「工作機會少」、「失業率高」……

這些求職者的哀嚎，不是光靠人力銀行業者，教你寫點有競爭力的履歷表及自傳、或是學點求職技巧等等，就可以改變多少的。

很現實的，有沒有工作機會，跟大環境的景氣狀況，關係最大。

景氣好，有商機，工作機會自然多，失業率就會下降。

二〇〇九年，平均陸客來台一天還只有一千人左右；到了二〇一〇年，每天平均陸客來台數已經躍升三千人左右；到了二〇一一年，聽說一天平均已到五千人。

完工後已連續虧損七年的一〇一大樓，終於在二〇一〇年轉虧為盈。而陸客自由行，讓陸客來台愈來愈多，而且消費更多元。因此，同樣給台灣帶來更多的商業機會。

過去在團進團出的時代，旅遊業，餐飲業，百貨業、航空業等都已經受惠。而陸客自由行，將給了更多餐飲業，百貨業、航空業、服務業帶來商機。

雖然很多人說，「旅遊業」可能是「陸客自由行」後，收穫較小的一個行業。因為，旅行社的一部分重要收入，是來自於帶客人去商店採購的退佣。

雖然表面看來，旅行社根本吃不到「自由行」這一塊的利潤；我不反對這種說法，但其實也未必都是如此。

國內幾家比較有實力的旅行社，在大陸也有據點。例如雄獅集團，整合旗下各方資源，強調迎接陸客自由行，除了送件代訂機票飯店外，首創的二十四小時門市、二十四小時白金祕書，以及二十四小時網站產品資訊等，就延展了陸客自由行來台的旅遊商機。雄獅集團總經理劉文義認為：

「首波陸客自由行，必定以『城市旅遊』最受惠，主要因為城市具有交通便利的優勢。」

但即使是在台灣大都市裡，得以真正「自由行」的大陸旅客，還是可能會計畫周邊的旅遊路線，這也就成為旅行業者提供加值服務的重要區塊。

在這種情形下，旅行社就可以透過串聯城市周邊景點，針對「自由行」的大陸旅客，發展出例如一日遊的多元產品。

另外像是提供的專業導遊與小巴、小車等服務結合，都能提供陸客遊台更輕鬆、簡單的選擇。劉文義表示：

「多元化行程，不論是時下最夯話題團、主題式環島，或是台灣一日超值自由行，都可以透過大陸旅行社訂購自由行行程。」

另外旅行社還能提出針對陸客來台自由行的全方位攻略，可分成白金祕書，門市地接化、觀光巴士、輕鬆買伴手禮及專業導覽車隊等。

即使是開放「自由行」，只要能整合資源成功，旅行社一樣可以吃到利潤，同時創造更多工作機會。

以雄獅旅行社為例，我們都從媒體上看到，他們有個大陸「美女試睡員」來台「試睡」的活動，但你可別被這聳動的標題嚇著了。

美女試睡員，其實就是一種類似服務祕密客的行業，專門給飯店寫評比的正當高薪工作。

雄獅旅行社與中國第一大旅遊平台「去哪兒網」（Qunar.com）合作，邀請大陸「美女試睡員」來台「試睡」，並尋訪大陸人熟悉的台灣電影場景、台灣最適合休閒蜜月的景點、最潮的夜店及最時尚的酒店。

這個舉動，當然是針對大陸網友，精心策劃的行銷活動，藉以歡迎更多的陸客來台。

但是要觸動這類的商機，也需要「人才」的供應。例如設計特色行程的企劃人員、網站人員、行銷人員、導遊，特別是「Driver Guild」這類的人員需求浮現出來。

參加深度旅遊的陸客，只要付費，旅行社就能提供專車接送，因此，「司機」

就是「導遊」。這種Driver Guild，若有接待陸客的經驗；經過訓練後，還可以擔任專業領隊。這樣的人力需求在自由行開放後，旅行業者表示：

「會有百分之十的成長空間。」

另外因為開放陸客自由行，還會有更多陸客有所謂的「個人化需求」，例如來台做健檢、做「醫療美容」等等。

於是，自由行帶動的就業機會，例如具備護理、醫療背景者，可以轉職進入旅遊業，進一步提供了跨界轉職的新型態。

另外，我所參與過的高檔醫療團，隨行的白金祕書，都是航空公司退下來的空姐。也就是說，觀光業的發展，延續了空姐們退下來後不同的就業選擇。

目前，也有醫美中心派醫療祕書，對自由行旅客接機，做到「一條龍」的貼心服務。

飯店和購物商場結合，也推出了隨行的採購祕書。只要預約，採購祕書可以隨行協助採購，給與消費力高的陸客明星級的待遇。台北還出現台商回台開的牛肉麵店，針對大陸人喜歡的鹹辣口味，另行開發台灣少見的特色牛肉麵。

這種「陸味」十足的牛肉麵，還和旅行社結合，同時在大陸旅遊雜誌做廣告，做陸客生意。所以開店不到兩年，生意就好到「爆」了。

無論是牛肉麵、鳳梨酥、旅遊行程等等，產品開發的企劃及產品的行銷人員，都將成為迎接陸客商機很重要的一塊。

開放陸客自由行，可以再給台灣帶來多少工作機會？目前官方的說法是四十萬。我無法評估這樣的數字，究竟是太多，還是太少？我只能說：

「還有不小的空間！」

至於陸客商機，可以影響到台灣未來的黃金十年嗎？

其實，效果如何，全看台灣的政府及企業，要怎樣用創意及服務，把握這樣的機會，特別是在產品、服務、特色上去努力。

但這一切，仍然需要台灣先具備「軟實力」的人才，能把台灣的種種優點行銷出去，才可以把握住這個得天獨厚的商業機會。

「達人」經濟學

只要在自己的專業領域上努力不懈，擁有了專業、並獲得他人的認同，屬於企業或自身的商機也就浮現了！這就是所謂的「達人」經濟學。

「達人」，可以說是近年來台灣最夯的一個名詞，連大陸也受到影響，漸漸的流行了起來。

何謂「達人」？本來在中文世界裡，是指《論語．雍也》裡孔子說的：「夫仁者，己欲立而立人，己欲達而達人。」意思是說能使人通達事理。

但受到日文影響，現在我們說的「達人」，則是指經過長年的鍛鍊，積累了豐富的經驗，因此能在某個領域成為「顯貴的人」。

所以，如今「達人」大多用在形容在某一領域非常專業，出類拔萃的人物。我想，如果對某個領域有深入的了解，並對其專業有所堅持及執著，在該行業表現傑出，並得到大眾的認同，都可以稱為該領域的「達人」。

「達人」的身分可以替企業，也可以替自己創造許多商機。

舉例來說，幾年前以《女人我最大》節目起家，「美容達人」牛爾，就是一個典型的例子。

牛爾曾任美體小舖、希思黎教育訓練經理；弘光技術學院化妝品應用管理系講師，同時也是DIY美容權威，擁有暢銷書著作，也是美容專欄作家，被譽為台灣新世代美容教主。

過去「美容達人」牛爾，曾是PayEasy的台柱，為該網站創造龐大的商機。後來，牛爾自創品牌NARUKO非常成功，在兩岸創造龐大的美容商品業績。

除了美容達人牛爾之外，各行各業都有屬於他們的達人代表。例如餐飲業的阿基師、購物頻道的天后利菁（目前已是知名節目主持人）、造型達人Roger老師（目前已是知名選秀節目評審）等等。

由此可見，只要在自己的專業領域上努力不懈，擁有了專業、並獲得他人的認同，屬於企業或屬於自身的商機也就浮現了！

這就是所謂的「達人」經濟學。

我在旅遊行業工作的期間，一直思考所謂的「達人」經濟學，以及思考「達人」可以替企業創造的商業價值。

我個人也拍攝了旅遊達人廣告，類似像《一個人的旅行》腳本，並上了許多電視、廣播節目介紹旅遊。

九月分，因為幫公司思考如何推冬季的「環遊世界」行程，我認識了民國六十三年次，國內最知名的「環遊世界達人」陳美筑。

二十九歲時，陳美筑就以最低預算的方式，完成了第一次環遊世界的夢想。

第一次環遊世界，她花了三十萬，用了一百一十三天繞著地球跑，創下走訪十五個國家的紀錄。目前，三十七歲的陳美筑，已有五次環遊世界的經驗。

陳美筑二十九歲時的壯舉，原本只是為了完成這個一般人敢夢，但是又不敢做的事情。

然而陳美筑卻沒有想到，自己之後的人生，卻和「環遊世界」這件事，結下不解之緣。

二〇〇三年，她發起設立「環遊世界俱樂部」，是國內第一個以環遊世界為主題的網聚。

現在，陳美筑自己有一個「環遊世界工作室」，也是青輔會產業與職涯校園巡迴演講講師，並在社區大學開課，教大家如何規劃環遊世界。陳美筑已成為知名環遊世界講師。

後來，陳美筑更發起成立「中華環遊世界協會」，並以「環遊世界」為主軸，以達人身分開啟了許多機會，包括替旅行社設計行程及帶團，也可以上媒體、出書等等，創造更多的機會。陳美筑告訴我：

「如果『工作』是縱向人生，『旅行』就是橫向人生。」

透過大旅行，陳美筑找到交叉點，找到屬於自己的人生定位與價值。

當我思考如何替公司辦一場「環遊世界」的記者會時，我跟陳美筑產生了許多對話及溝通。

「環遊世界」的旅遊產品，對旅遊業不是新菜，但應該怎樣增進能見度？並引起消費者的意願？

更重要的是，「環遊世界達人」又可以產生怎麼樣的影響力及商機呢？

最後我們決定以「十大即將消失的景點」，及二十九歲時就勇敢逐夢的陳美筑，當作那一場記者會的焦點。

陳美筑在記者會中，娓娓道來「十大即將消失的景點」，告訴大家把握當下的必要性，而她即知即行的執行力，就是詮釋這件事的最佳代表。

記者會開完不久後，「環遊世界」名額銷售一空，趕緊又加開了新團。可見達人的魅力及說服力，在行銷上有很大的價值。

後來，我的部門又企劃了一場「王牌飯店試睡員」的記者會。其實，把記者找來不難，把達人找出來才是重點。

但誰才是真正的「王牌飯店試睡員」呢？

我們決定，還是透過公平、公正與公開的比賽，甄選出「飯店試睡員」。也就是要找出「很懂得住飯店」，並「懂得介紹給別人」的達人。

很多人都知道，隨著兩岸觀光的互動頻繁，帶動了台灣龐大的商機及工作機會。和兩岸觀光最有密切關係的行業，就是住宿、餐飲服務業，及旅遊休閒業。具備文創能力，可以詮釋、包裝景點特色的「行銷人員」，是觀光商機中的要角。而飯店業也因應兩岸商機，如雨後春筍般一家一家的開啟。

飯店業同樣也需要優秀的行銷力道，才能在競爭中脫穎而出。

不過，台灣旅遊業與求職網合作招募及甄選「飯店試睡員」，和大陸在作法上，還是有點不同。

台灣的「飯店試睡員」，就是在尋找有觀察力、文字能力、詮釋能力的文案及行銷高手參與，其實也是在找所謂的飯店行銷達人。

「飯店行銷達人」透過在部落格的推文，其實就是幫助飯店行銷的一種方式。

所以，「達人」可以創造企業的商機，也可以創造自己的機會。而「飯店行銷達人」，也可以獲得出書、甚至上媒體、主持節目的機會。

另外一個很有趣的創造達人的範例，是「澳洲旅遊專家培訓課程」。

我因為工作的關係，又接觸了澳洲旅遊局，發現澳洲旅遊局為了推廣澳洲觀光，又把「達人經濟學」發揮得淋漓盡致。

澳洲政府自二〇〇四年，就投入大量資源，推廣「澳洲旅遊專家培訓課程」。透過網路的培訓課程，人人都有機會免費變成「澳洲旅遊達人」。

課程的第一部分，「旅遊澳洲」的九個單元中，除了展現澳洲為遊客所提供多樣的旅遊機會之外，更要帶受訓者透過網路到澳洲各州和各領地旅遊，沿途介紹澳洲的地理風貌、季節變換、氣候特徵以及各地的旅遊特色。

再來是「體驗澳洲」的八個單元，分析澳洲獨樹一格的旅遊特色。第三部分是旅程規劃與服務提供，包括澳洲境內各種不同種類的住宿。著重在到澳洲旅遊的旅遊團、個人和特殊興趣團體的旅程規劃，行銷和運作。

要成為一名合格的澳洲旅遊專家，在第一至十九個單元的測試中，成績必須達到百分之八十五以上。如此，才能更上一層樓，進級到後面的課程。

我認為這是澳洲旅遊局，為了推廣澳洲觀光很棒的設計。是主動培養達人，並創造澳洲觀光及達人雙贏的漂亮手法。

透過課程並提供「澳洲旅遊專家」認證，讓更多人認識澳洲的觀光之美，其實已經成功行銷給第一批人。

做為一名得到認證的澳洲旅遊專家達人，可以獲得後續培訓及支援，並且得到所有澳洲動態最新資料，以及獲得由澳洲旅遊局的客戶轉介推薦及客戶索引資料，還有權使用澳洲旅遊專家專用的推廣資料。

這個巧妙的作法，就是培養一個人成為達人後，又可以創造達人自己的商機，並讓達人持續替澳洲觀光創造價值。

這真是一個絕佳的「達人經濟循環」！

如果你業想成為「達人」，我建議有以下步驟：

①鎖定一個感興趣的行業。

②要確認該行業有龐大的潛在商機（食衣住行都可以）。

③透過努力讓自己變成該行業的專家。

④透過文字及口語表達，讓大眾認同你的專家地位。

之後，你可以跟企業搭配，創造企業的商機並得到報酬，也可以獨立創業。這就是所謂的達人經濟之路。

職場需要的
業務力

4

CHAPTER FOUR

常客比觀光客更重要

培養客戶的忠誠度，
絕對比花大錢登廣告更重要。
要在有限的預算下，
滿足客戶的最大期望。

網路時代來臨了，透過網路而上門的顧客會越來越多；但同樣是顧客，甚至同樣是來自網路，還是要分成兩大類：

第一類是透過搜尋引擎而找上門的客人，這些只是路過的散客，來得容易，去得也容易。

第二類則是透過粉絲專頁而上門的客人，這些顧客的忠誠度很高，但經營粉絲專頁與登廣告所要花費的時間與心力，是完全無法相比的。

企業主究竟是看重來客率，還是留客率，也會影響企業的未來發展。

位於捷運出口步行十秒就到，在高級商辦大樓裡的「淞揚數位科技」，五年前，還只是裡面擺著幾張破舊桌椅，以及中古電腦的四坪工作室。

經過五年多的努力，目前，該公司已擁有了由一群具創意和技術的好手所組成的團隊。

除了專精於網頁設計外，Flash動畫、遊戲設計、多媒體互動光碟、軟體系統設計、線上數位學習等項目，皆有豐富的製作經驗。

去年開始，淞揚更與國內大型遊戲公司合作，跨足線上遊戲的開發。

「淞揚數位科技」的老闆鄭建松，他謙稱自己是阿松，就是台灣許多「技術起家」的年輕老闆的創業典型。

看到漂亮的辦公室，及公司內朝氣蓬勃的團隊成員，很難想像阿松二十四歲退伍那年，曾經是投遞了三百多份履歷表，面試了三十幾次仍失敗的「求職棄兒」。

當初，阿松復興美工畢業後，因為家境不好，當了三年半的「志願役」，等於是比別人多當了兩年兵。

當年的這個決定，卻剛好碰上台灣的設計環境，由「手作」轉型為「全面電腦化」的時代。

等阿松當兵三年半退伍，準備進入就業市場時，他才驚覺過去在復興美工學到的美術手繪等技能，早已被就業市場淘汰。

為了就業，在學校裡學了好幾年的東西卻不能用，怎麼會發生這樣的事呢？

雖然無奈，但由於家境需要，退伍了還是一定要找到工作。阿松不屈不撓的投遞了三百多份履歷表，卻因為履歷表上缺乏電腦技能，幾乎沒有公司願意給他面試機會。

後來，阿松用一家一家打電話「拜託老闆給一個面試機會」的積極方式，總算讓履歷表不漂亮的他，得到了三十幾次的面試機會。

不過，三十幾次面試，還是沒有老闆願意錄取，讓他在二十四歲那年，吃盡了求職碰壁的苦頭。

他甚至曾經被面試老闆辱罵是「浪費時間的豬」，讓阿松覺得人生真是低迷到了極點。

然而，因為「真的需要一份工作」，他必須忍下這些屈辱。

後來，他終於在一家設計公司，幾乎以「做義工」的方式，一邊付出勞務，一邊趕緊學習電腦技能。

因為苦學的精神，二十五歲時，阿松就可以一邊做設計工作，同時也在巨匠補習班教授電腦繪圖、電腦設計等等課程。

退伍那年，雖然歷經了一次又一次的求職打擊，卻讓阿松鍛鍊了不畏挫折的性格，認知到職場的現實及殘酷，也造就了後來工作所需的職場技能。

漸漸的，阿松被老闆升為設計部的小主管。但是，在擔任設計師期間，阿松感到，設計師好像老是被客戶、被業務兜著團團轉，於是，他自請轉調到業務單位擔任廣告AE（Account Executive）

廣告AE就是廣告主的預算執行者，也就是要執行客戶的廣告預算，以發揮最大的廣告效益。

阿松想要從擔任AE的過程中，學習到面對客戶及業務技巧，也希望可以用「有效的語言」，在客戶和設計師之間溝通。

阿松提到企業設計部門最常見的問題，就是遇到自我意識很強的設計師，請他改個小東西，就像要命一樣的；也會遇到不願做好功課的客戶，在設計師還沒做以前都沒意見，但做了以後，就一直將需求改來改去，批評的多給建議的少……

這些其實是每間公司都常見的問題，也是每個溝通者必須要歷練的考驗，否則公司就無需設置廣告AE這一職務。周旋與客戶與設計者之間，阿松感覺到：

「在設計公司中，業務人員如果有設計技術背景，將有助於團隊與客戶間『減少理解的落差』，使得雙方間的溝通能同步化。」

例如淞揚科技是幫客戶量身訂做數位產品，所以在跟客戶間的溝通上，更需要專業的素養，才能博取客戶的信任。阿松說：

「通常客戶要的東西都很抽象，因此溝通者就像是個翻譯，在訊息傳達時，必須要讓內部技術團隊具體的理解，專案才能確實貫徹執行。而且，較高階的業務溝通者，甚至還能帶給技術團隊與客戶們共同發展，一同成長。」

身具設計師背景及業務經驗，二十九歲那年，阿松原來的公司老闆不想再經營下去，他就乾脆成立自己的工作室，同時也接手原本公司的人脈資源及客戶。

一路走來，已經五年了。

阿松回想當年面試碰壁的過程，仍然感到非常心酸。但是，心酸的同時，他檢討當年面臨求職挫折的經驗，卻也有很多體悟，學到不少東西。他說：

「當年並不是不努力找工作，而是在學校所學的技能跟不上職場的需要，這是求職碰壁的最重要原因。」

所以，想辦法一直跟上時代的需要，不斷地增進技能，是他當上班族以後非常留意的事。

想當年，雖然憑著積極的投遞履歷及拜託企業主，有得到面試的機會，不過，面試時，因為沒有人指導過，阿松的衣著沒有經過特意裝扮，總是顯得隨興、不專業，所以會讓面試官看輕他的能力及他求職的誠意。

出於親身經歷，阿松說：「面試時的形象很重要。」

再來，阿松回憶，因為當年電腦技能不足，別的設計師面試時都是拿一片光碟或上網示範作品給面試官看，只有他扛著大包小包的作品，看起來就很笨拙。這是可以改進的部分。現在的提案都很專業了，這是必要的努力。

一一檢討出過去的失敗原因，當年的辛酸也讓他收穫很多。

現在，阿松已經從求職棄兒，變成設計公司的老闆了，公司的產品及服務也受到許多客戶的肯定。

對於客戶的經營，曾經是業務的鄭建松說：「即使我們從事的是美術設計與程式技術開發的領域，也必須要將『服務至上』做為第一要務。」

現在的客戶比過去擁有更多選擇，因此培養客戶的忠誠度，會比花大錢買廣告更重要。要在有限的預算下，滿足客戶的最大期望。

在與客戶關係的建立上，阿松認為必須先教育員工，客戶就是公司的夥伴，團隊成員都要了解：

「我們要跟客戶成為朋友，把客戶的事業當作自己的事業，這樣才有辦法用相同的立場去替客戶著想。」

不過，阿松也必須面對現在的年輕世代，會有各種千奇百怪，過去少有的管理議題。他說：

「現在的年輕上班族很自我，也很重視個人的下班時間，因此對客戶的要求，不會當成自己的事去處理。」

面對很多有才華，卻不願多付出一點的員工，阿松很感慨的說：

「為什麼明明可以做到九十分，卻只做六十分就停下來？」

如果有這樣的思維，當然不容易在職場上有更好的發展，這是相當可惜的。

所以，阿松要求同仁們每天撰寫工作日誌，如此就能經常提供解決辦法的資訊，讓同仁們能更專注在客戶身上。

在「帶領同仁」上，阿松也很有一套，他說：

「時代不同了，當然不能像上一個時代的老闆那樣，動輒疾言厲色，那只會讓員工流動率太高。」

的確，責罵員工是搬石頭砸自己的腳，石頭挑得越重、舉得越高，砸得越用力，自己的皮肉就更倒楣。

所以，雖然過去自己是苦過來的，到了這個年代，面對新人類，還是要耐著性子好好教。

除了用心思帶領同仁，淞揚科技也積極地提高員工福利。

例如把公司搬到離捷運很近、交通方便的地方，另外公司還有健身房、組織社團辦活動、提供國外員工旅遊等等福利，讓員工更願意留下來為公司打拚。

從求職棄兒到數位科技老闆，阿松從挫折中學習到最多。

而由始至終，腳步都不能慢下來。隨著時代的變化而不斷的學習，努力跟上外在環境腳步，他就像台灣的許多創業者一樣，產品、業務、行銷、管理，樣樣都要好好學。

在公司不斷成長的同時，阿松深深感到，創業真是一條既苦又甜的路。

從「最寵愛女性員工」開始

經營一間公司，
一開始或許不大，
薪水可能無法跟大公司比。
但是一定要讓求職者，
也有「與有榮焉」的感覺。

企業主想要員工體貼顧客，就該從自己善待員工開始，尤其是善待女員工。

「戰國策」是以台灣「最寵愛女性員工」的公司而出名。執行長林尚能先生，自小家境無過人之處，學歷又不高，卻能打造台灣數一數二的虛擬主機服務領導品牌。他是怎麼做到的？簡單來說，就是他有一顆細膩的心。

二〇〇〇年時，林尚能在一家已經搖搖欲墜的網路公司擔任業務。當時的網路泡沫化，讓許多公司倒閉，也讓許多「網路新貴」失去了工作與信心。

那時候林尚能的同事們，被裁的當然是立刻走人；剩下來的同事，因為人少事繁，大多也受不了壓力，陸續紛紛走人。

在公司風聲鶴唳的關頭，大家都在準備「跳船逃生」時，林尚能卻決定：

「我，一定要撐到最後一刻。」

我很不解，他為何會這樣與眾不同？他告訴我：

「我就是想看看公司到最後是怎麼結束的？還有，經過我們的努力，到底還有沒有起死回生的可能？」

在這家公司裡，林尚能一路看著公司的起步，體驗到全盛時期，接著看到公司倒閉，終於走入歷史。他說：

「這是一個非常寶貴的商場經驗。」

因為目睹了一家公司由盛到衰的整個過程，林尚能在日後經營企業的同時，總是不斷提醒自己，企業面對環境的考驗，當然無法「百日紅」。公司經營的過程中，挫折與風暴不可避免，凡事只能小心翼翼，膽大心細。

還記得網路泡沫化失業後的那個農曆年，他並沒有讓媽媽知道這件事，還用現金卡預借了一萬塊現金，包了個紅包給媽媽，當下的他既徬徨又難過。

當時景氣非常差，林尚能想說未來幾個月，大概找不到什麼好工作了，乾脆在自己租的幾坪套房，成立了一個小工作室，幫客戶註冊網址、代管網站，一人公司就這樣開始了。

林尚能之所以要開一人公司，一方面是覺得沒有其他選擇，一方面也是嗅到了一個機會。

他認為雖然全球面臨網路泡沫化，許多網路公司紛紛倒閉，但也因此讓他的客戶不斷增加。所以，未來的網路市場，還是有無限的商機，只不過將會以不同的型態出現。

大多數的網路一人公司，都是精通電腦的「高手」，但林尚能卻說：

「就是因為我不是技術出身，所以我所有的作法，都以因應客戶需求為主。」

從一人公司開始，林尚能以「二十四小時服務」為宗旨。就算三更半夜在床上睡覺、清明節、過年團圓飯，也都要回覆客人電話，其辛苦可想而知。

後來，公司的服務項目變多，在不斷努力之下，目前，公司已成為台灣虛擬主機服務領導品牌。

一直到現在，公司已有一百多名員工，而且公司開始進行集團化、多角化轉型經營。除了成為現在資訊委外的公司外，也有新產品的導入，讓公司不斷成長。

問起林尚能創業能夠成功的關鍵祕訣，林尚能的答案是：

「業務能力」。

他自稱是因家境不好，所以高中念工業設計夜間部，畢業後自認為學歷不高且專業不強，所以踏入社會後，才決定從基層的業務做起。

事實證明，他的想法是對的，那兩年的業務經驗，對他未來開公司大有幫助。林尚能說：

「經營公司，最重要的是獲利。業務工作帶給我開拓的能力、與人談判的能力，對後來經營事業，也是很好的訓練。」

所以，林尚能一直鼓勵年輕人，第一份工作應該由較辛苦的業務開始，除了增加自己的抗壓性，也可以增加自己的人脈。他認為：

「抗壓性高及對人的高敏銳觀察力，這是可以透過跑業務來培養的。」

二十五歲時無資本創業的林尚能，他所創立的戰國策公司，最出名的行銷戰役，就是以「最寵愛女性員工」的公司聞名。

當「最寵愛女性員工」的知名度打開後，不但人才的獲得比其他公司容易，也讓「戰國策」企業的知名度迅速擴展。顯然，這是台灣少數以「福利行銷」成功的企業。

因為寵愛女性員工，讓大家紛紛擠破頭想得到入門券。創業到現在已過了十年，林尚能先生不改創意本色，每年令人羨煞的福利制度，紛紛出籠。

但他對這些福利的設計源頭，竟是來自於一位「瞧不起小公司」的求職者。

當時「戰國策」公司只有十人規模，林尚能面試了一位英國MBA學歷的求職者，她進來後心不甘情不願，很快地寫完履歷，面試時，也非常不耐煩。

林尚能察覺有異，快速結束了面試流程，並好奇的問：

「妳怎麼了？看起來不太開心？」

這位英國MBA求職者，竟然也很坦白的告訴他：

「不好意思！我不該來面試，我走錯公司了！以我的條件，我應該要去大型公司面試。」

雖然實話有點傷人，但林尚能很感謝這位求職者給了他一個啟發。

他認知到經營一間公司，一開始或許不大，薪水可能無法跟大公司比，但是一定要讓求職者，也有「與有榮焉」的感覺，以及吸引求職者的福利，這樣才會招募到好的求職者。

林尚能一開始想到的方法，就是在有限的資源下，以員工的立場出發，設計員工喜愛的福利。

他發明了許多特別的福利。

例如他認為員工比老闆還辛苦，於是在公司裡，每位員工都坐在和老闆一樣等級的「董事長椅」上。

另外因為工作壓力員工會有情緒，每個月可以請幾小時「情緒假」，出外透透氣、調節心情；就算你想離職，也可以請一天給薪的「面試假」等等。

一開始，戰國策以特殊福利，做為公司招募的訴求。漸漸地他發現，若公司仍繼續以此做為招募重點，可能無法再吸引到層次更高的工作者，於是他重新開始研究人力網站。

他發現人力網站首頁廣告，都被各大企業占據，每家企業都有自己主打訴求，例如科技大廠往往以高薪為訴求。林尚能認為：

「就算薪水拚不過科技大廠，戰國策也要主打自己的主張，才能跟各大企業有所區隔，競爭想要的人才。」

他想到相較於男性，女性工作者更在意工作成就感與肯定，較不在意薪資；而且女性工作者也比較能忍受壓力，比男生還要耐操。就算受了委屈掉眼淚，牙一咬就過了，女性工作者才是企業更值得珍惜的人才。

於是，戰國策以「最寵愛女性員工的公司」為訴求，開始設計各項公司福利。

「最寵愛女性員工的戰國策」站在女性的立場，設計出的創新福利措施，包括以女性喜愛的GUCCI、LV包等為業務獎勵、安排免費OL職場彩妝課程。

至於年度優秀女性同仁，公司就付費製作個人專屬婚紗代言影片及婚紗照。

另外，女性同仁於情人節，還會收到公司贈送的玫瑰花、巧克力、情人節禮物、情人節晚餐及旅遊。對於孕婦，也有諸多照顧及特別好的休假福利。

在這樣的良性循環下，公司裡百分之八十管理階層主管，也都是女性。林尚能笑著說：

「雖然在校園徵才中，播放了『年度優秀女性同仁婚紗代言影片』，讓戰國策常常被誤認為婚紗公司；但因為特別吸引目光，學生排隊交履歷表，一點都不輸科技大廠或其他知名企業。」

去年，為七位傑出同仁拍婚紗照及影片，林尚能花了七十幾萬，卻讓員工滿滿的窩心。

除了這個令人心動的福利外，每年的員工旅遊都是女性夢寐以求的國家，像今年就是法國巴黎。情人節時，林尚能還為女性員工安排猛男秀慰勞大家。

今年開始，林尚能希望戰國策除了能給女性工作者許多福利、以及發揮的舞台之外，並把原本招募行銷強打訴求，從「最寵愛女性員工」的公司，到提升為「培訓女性領導人」的公司，舉辦了一系列課程。

從無本創業開始到領導品牌，戰國策除了提供好的產品及服務之外，持續能吸引好的人才為公司努力，是一個致勝關鍵因素。

林尚能從設計員工的福利開始，讓公司在人才爭奪戰上立於不敗之地；而特色福利也引起媒體的報導，讓公司的知名度及品牌更加響亮，可說是「招募行銷」成功（吸引到好人才）、福利行銷成功（提升知名度及品牌）的好點子。

這些一舉多得的好點子，林尚能說不得不歸功於「業務」工作那兩年，讓他學習到的敏感度，以及「站在客戶立場想事情」的思維，可說是發揮職場競爭力的最佳典範。

「派遣女王」的工作態度與效率

好奇心讓貓眼娜娜眼界更加開闊，
不斷努力也讓她的涉獵更廣，
加上高效率的執行力，
使她的新作品量多質精。

日劇《派遣女王》裡篠原涼子飾演的女主角大前春子，一進公司就高姿態的提出「合約期間三個月，絕不延長；不加班、不假日出勤」的條件，讓劇情充滿著張力，也吸引了觀眾的目標。

春子不諂媚、不討好的冷淡態度，在日式的公司裡，立刻引起周遭同事的反感；但她卻是個擁有多種資格，時薪三千日幣的超級派遣女王。

雖然面無表情、不帶人情味，但春子俐落豪爽的工作態度與效率，讓大家紛紛折服，更多次拯救了公司的危機。

在台灣的職場裡，「派遣文化」也漸漸興起，各行業裡的「派遣女王」紛紛的出現。

七十一年次，出版界「派遣女王」貓眼娜娜，十九歲從高職畢業後，進入職場當了三年的上班族後，就展開她多年的「接案人生」。

雖被稱為「派遣女王」，貓眼娜娜其實並不是真的派遣員工。大家這樣叫她，是因為她像日劇《派遣女王》中的大前春子一樣，關於出版界大大小小的事，可說是「十八般武藝樣樣精通」。

除了出版外，貓眼娜娜也開班教人寫作。目前將成立自己的公司，貓眼娜娜很有計畫地在經營自己的人生。

高職美工廣告設計科畢業的她，認為以「高職生」的學歷去就業，總是被雇主認為程度差，而受到刻板印象、工作限制等待遇。

所以，不服輸的貓眼娜娜面對就業，總以虛心的態度，面對每一個挑戰。

雖然娜娜當上班族的日子，只有初入社會的前三年；但在這段時間裡，她已經學到許多社會經驗。她說：

「現在很多人到了二十七、八歲還打算繼續延畢，尚未進入就業市場，我卻完全不同，我十八歲時就迫不及待地想早點就業。」

雖然她正常上下班的日子只有三年，但通常進入一間新公司的適應期，包括企業文化與公司狀態，大概需要三個月的時間；而漸漸上軌道之後，工作內容及挑戰，就不太會有很大的改變。

一開始進入職場，貓眼娜娜擔任遊戲公司的企劃小助理，不料沒多久公司就結束營業。

但也就在那時候，貓眼娜娜發現自己對「彩妝」有興趣，於是找了一位設計師拜師學藝，結業後就到婚紗店、模特兒公司當造型設計及新娘祕書的工作。

在那裏雖然因為技術受到肯定，待遇也相當不錯，但總覺得儘管學了彩妝與設計，卻還是無法突破自己而感到自卑。

不過，她也發現自己的自卑及不安，總能在書店裡得到力量，於是腦筋一轉：

「為什麼我不自己寫點東西？」

從此，她強迫自己看不喜歡的漫畫、暢銷書小說、遠見雜誌、天下雜誌等等。

另外，她也固定觀察各版報紙的徵文文章，每天固定投稿，強迫自己變強。

她一拿起筆時，就下定了決心：

「沒有什麼題材是我寫不來的。」

因為貓眼娜娜懂設計，也寫過東西，所以有了打進編輯市場的優勢。

透過自己的不斷學習，加上偷看偷學然後運用，就這樣以文字類的接案人員，一直做到現在。

二〇〇八年時，貓眼娜娜出了台灣第一本說話術的書——《女人說話術》，在排行榜上名列前茅。貓眼娜娜提到：

「我並不是以自己『非常會說話』的心態來寫這本書。」

她常因自己過去不會表達或表達錯誤而備感挫折，於是決定以從前的經驗、前輩的教導以及透過書籍的印證，用「學習筆記」分享的方式寫這本書。

貓眼娜娜的書目前已在中國大陸銷售，套句中國大陸的讀者所說：

「一個貓眼娜娜，抵過一百個杜拉拉。」

接下來她一系列的書《女人說話術》、《女人人脈學》、《女人厚黑學》及《女人三十六計》，陸續在大陸出版。大陸媒體以「廣受數千萬讀者愛戴」來形容，這應該是貓眼娜娜進入大陸書市的一個亮眼成績。

離開朝九晚五的上班日子後，貓眼娜娜的角色是接案人員，工作狀態大不同。

她說：

「我總是要在短期間，就快速適應一間新公司的企業文化，掌握住對方的好惡，並解決各種突發狀況，這比在辦公室工作挑戰大多了。」

她因為不同專案的執行與窗口的不同，也學到更多的經驗。

曾有一次，是友人在她家裡聽到她打了五、六通電話，因為要確認不同的專案及階段的流程，貓眼娜娜在電話中的角色從雅虎記者、專案助理等等不斷轉換，讓友人直呼她像是「詐騙集團」。

雖然接案人員的收入高、工作時間彈性，不過，貓眼娜娜說：

「千萬別以為每個人都可以做接案人員。許多年輕人只是因為待不住辦公室，或是討厭上司，就想出來接案。但是如果還沒把實力培養起來，就妄想自己出來做，結果也許更糟。」

關於出版，什麼都做的貓眼娜娜，不僅掌握了寫作，且對出版「一條龍」的系列生產過程都有涉獵。

最早開始寫小說，算是內容產出端，如果被退稿，她會想知道編輯在想什麼；如果可以更了解編輯端跟市場端在想什麼，回歸到寫作，更可延長寫作壽命。

貓眼娜娜高中參加過校刊社，不管是基本編務、採訪、編輯、委製等都已有經驗，個性開朗的她更加強學習企劃編輯、開發作者、選題及對市場脈動的掌握等，還有，認識印刷廠、上游經銷商等，只要針對出版品的產出流程，貓眼娜娜都可以一手包辦。身為忙碌的接案人員，貓眼娜娜在時間管理上非常嚴謹有紀律，關於時間安排，一定會做一定的切割。

除非是演講或是電視通告，如果沒事先約好的邀約，她多半不會答應。

如果某天確定會外出，也會將聯絡事項、尋找素材等較零碎的事情在當天完成，盡量不影響寫作的時間。

如果一個禮拜有兩三天不出門，一個月的總字數產出量可達六萬字。

一個長久有產出的創作者，需要很大的毅力、興趣與自制能力。娜娜說：

「如果是專題性質，字數大約是三、四千字，就可以利用塊狀時間執行；但若是長篇小說，最好可利用一整天的時間，不然通常講究節奏流暢的人，寫作四小時的前面兩小時，都在看之前寫什麼，真正寫小說的時間只有兩小時。」

目前，貓眼娜娜正在籌備自己立案的文創公司，這個公司不但有出版的能力，內容還包括創作者培訓、作者經紀角色。

例如她將教創作者如何經營自己，陪創作者們出第一本書、度過寫作瓶頸、開發新領域等，或是像講師、名人想出書卻沒有時間完成，如何藉由合作讓夢想達成，也是她的經營計畫。

另外，一些出版社需要新的書系、作者、內容，也可協助完成，因為什麼都能寫，內容部分都是跨平台的。

雖然僅有高職體系畢業，但貓眼娜娜的工作表現，早已超過了許多大學畢業生、甚至碩士博士。

在學習寫作的過程中，她透過不斷努力，將手上那枝筆的優秀溝通能力，創造出最大的價值。使她在出版業裡，無限拓展自己可以從事的領域，也囊括了所有的出版業知識。

好奇心讓貓眼娜娜眼界更加開闊，不斷努力也讓她的涉獵更廣，加上高效率的執行力，使她的新作品量多質精。

貓眼娜娜已是出版界的「派遣女王」，未來也將是以文創為底蘊的創業者。

「派遣」將是未來職場裡的常態，對某些人來說是危機，但對某些人卻是轉機。是危機還是轉機，就要看你的應對態度與方法了。

讓地瓜葉變黃金

頭髮越來越白，
臉皮也越來越厚，
以前最怕的是求人，
現在什麼也不怕了。

商場有句名言：「沒有夕陽產業，只有夕陽企業。」這句話用在農業也是一樣，是朝陽還是夕陽，關鍵在你的心態。

具有酪農家庭背景，也從知名理工大學畢業，曾為年薪兩百五十萬的科技新貴，三十七歲的謝宏波，三年前卻毅然離開了原本科技業經理高薪的職務，返鄉整合家裡的酪農事業。

在創業的第一次，謝宏波就拿出當初在科技業學到的功夫，從研發、管理、標準作業流程等等，逐漸把生意做起來。他笑說：

「沒有用不到的經驗，科技業主管的本事，拿來用在製造和餐飲服務，一樣是可行的。」

二〇一一年時，謝宏波一口氣投資了十五甲的地瓜田。但人家的地瓜田是種地瓜，他的地瓜田卻是用來種地瓜葉。

他要用台灣的地瓜葉，創造另一個台灣的經濟奇蹟。謝宏波笑著說：

「從認識地瓜葉、喜歡地瓜葉、到投資地瓜葉，全靠好友曾崇恩的啟發。」

若干年前，曾崇恩的心律不整，醫生建議他要多吃地瓜葉。但每年一到冬天，地瓜葉的收成就較慢，而且採收後也不易保存。

於是，曾崇恩決心改良品種，將地瓜葉研發成茶葉的形式來保存。這樣一來，地瓜葉一年四季都可食用，也有了附加價值。

後來，謝宏波成立了翡翠園地瓜葉生產合作社。他希望結合農民團體，促進台灣精緻農業的發展。

另一方面他也希望，未來地瓜葉茶不但可以成為彰化縣的伴手禮，也能成為台灣知名的「農業精品」。他說：

「以前地瓜葉是窮人的『人蔘』，而且老年人與小孩也都可以食用。」

地瓜葉除了維生素含量高、也含有豐富的蛋白質、膳食纖維、多酚等營養素，這些營養可以去除血液中三酸甘油脂，同時可降低膽固醇，增加油脂的排出及防止血管硬化等優點，有益人體健康。

到了現在，大家營養過盛，以致現代文明病困擾著大多數人，地瓜葉又成了非常有潛力，也能創造高價值的台灣農作物。

放下科技人的光環和高收入，走到傳統產業的謝宏波，當然也受到很多人的好奇和質疑，但是謝宏波認為：

「台灣的科技新貴，早已經變成了科技新窮。」

他舉自己為例，十多年來，在科技業不眠不休的工作，只換來了一身是病。

科技人的宿命，就是景氣好時要爆肝工作，沒有生活品質；但景氣一不好，無薪假或裁員之風興起，又要擔心沒有工作，別說是沒有生活品質，連生活都出問題。所以他認為：

「台灣可以長久發展的，只有兩種行業：一是服務業，如八十五度C、台塑牛排等。二是生技產業。」

也就是說，農業不會滅亡，但卻需要轉型。台灣人應該要把單純的農產品，變成精緻農業，才可以創造更大的價值。

於是，謝宏波從地瓜葉著手，發展飲料、食品、地瓜葉錠等產品，還有其他保養品、養生茶等等，希望研發更多有經濟價值的產品，發展出更大的商業價值，及創造更多的工作機會。

十五甲的地瓜葉農田，天氣熱時，一週就長起來，因此人工採收是來不及的。於是謝宏波發揮科技人的精神，研發採收的機具，半年後研發成功。只要兩個人操作，比之前的人工採收快一百倍，節省了許多人力及時間。

後來，他在把地瓜葉製造成茶葉的過程中，又碰到第二個瓶頸。因為地瓜葉味道較重，會壓過其他茶葉的味道。他拜訪了十幾家製茶工廠，根本沒有人願意代工。

這時候，謝宏波只好自己想辦法，終於是把製茶的困難解除。擁有十五甲的地瓜葉農田，四十幾個員工，謝宏波說：

「如果產品銷不出去，一個月就可能虧到一百多萬，這壓力不小喔！」

創業過程中，謝宏波也不免碰到許多困難及迷惘的時刻，包括他人的冷言冷語，或碰到技術瓶頸，甚至，被親近的人背叛。謝宏波如今回憶起來說：

「我也像許多人一樣，會去廟裡求籤；像我現在皮夾裡，就有六支籤。」

宗教信仰對謝宏波而言，具有療癒的作用。

另外，創業要能克服自己內心的恐懼，必須要有膽識，才可以放手一搏，一心多用很容易遭受失敗。

要自我療癒，做出好的產品，也需要不斷的行銷，謝宏波說：

「就像麥當勞、可口可樂這些品牌，雖然已經很大了，但每天都有人出生，所以還是要天天做廣告才行。」

但是，新產品出來，行銷費用往往很大，這時，善用公關和人脈，就成了勝敗的關鍵。

謝宏波的性格本來就喜歡交朋友，為了推廣地瓜葉產品，就積極的把過去的人脈串聯起來。

後來，在三立電視台《草地狀元》等節目的報導後，地瓜葉產品的品牌故事人盡皆知，等於是媒體幫他建立了品牌知名度。

除此之外，雖然是傳統產業的公司，謝宏波也善用網路無遠弗屆的力量，電子郵件變成他的重要行銷工具。謝宏波說：

「過去我經手交換過的名片，就已高達三萬五千張。這三萬五千人，就是我的基本盤。」

他善用電子郵件，在節日及生日時，給予手上名單的朋友親切的問候，大家也都很能接受。

謝宏波以「地瓜葉達人」電子郵件的問候，讓更多人認識他，並且得以知道他的產品。三十七歲時，他又創立了第二家公司。謝宏波最欽佩的人就是嚴長壽先生，他說：

「嚴先生曾說：『人生，要夢最大的美夢，盡最大的努力。』所以，我有夢想，也要堅持夢想，並一一解決途中遇到的困境。」

謝宏波最大的美夢，就是把企業經營到上市上櫃。就是這樣的企圖心，讓他從科技新貴到深耕台灣精緻農業，他笑說：

「隨著頭髮越來越白，臉皮也越來越厚，以前最怕的是求人，現在反而什麼也不怕了。」

堅持要「與眾不同」

如果你想了一個主意，人人都贊成，
請打消這個念頭。
因為最好的主意，
應該是讓大家意想不到的。

擔任連鎖英語補習班的高階經理人十多年，人稱「高麗菜哥哥」的高立，在四十一歲時重返校園，在台北大學念MBA。

四十二歲創業，成立「故事城堡」的高立，把「講故事」變成一門有理想、有發展的好生意。

目前「故事城堡」成立已經五年，十幾家連鎖，也已橫跨到大陸與溫哥華，可說是相當成功。

但很多人卻不知道，高立創立「故事城堡」的原始初衷，竟然是跟自己過去的

「學習障礙」，大有關係。

高立的求學經歷非常波折，國中念了四年、專科念了七年，很多人會以為是他的家庭出了問題，才會讓他的學習歷程如此的蹉跎。

但其實恰好相反！高立出身於教育世家，家中長輩多是教育界的高階人物，兄弟姊妹個個都很會讀書，不但後來都拿到博士、碩士，目前也都是學校的主任、校長等。

高立雖然出身於外人看來「優良的學習環境」家庭，但是卻「始終沒有學習的興趣」。

自小，高立覺得學習是一件痛苦不堪的折磨，所以成績一直很差。

但，也許他這種「無法跨越的障礙」，對於之後的創業，反而是一種祝福。

「始終沒有學習的興趣」的他，長大後加入了補教機構，因為他比別人更了解「創造學習的興趣」的重要，所以不斷地在這個領域中摸索。他發現：

「要引發學習興趣，「講故事」是最好的方法。」

因為小時候學習的困難，因此他一開始創業，想到的就是「故事城堡」。而「故事城堡」的概念，就是落實「做人懂道理，快樂學知識」的想法。

他希望透過「故事城堡」的教學服務，讓十二歲以下的小孩，除了能掌握有效的學習方法外，更重要的能「快樂」的學習。高立認為：

「孩子有興趣，才有可能學得會。」

所以，給孩子一個有興趣來學習的環境，就成了「故事城堡」的創業動機。

就像許多成人都覺得學習英文是重要的，但是如果興趣不夠，或是沒找到比較快樂的學習方法，很快的必然又是三分鐘熱度；即使有意願學習，也難以持久，很容易半途而廢。

除了協助十二歲以下的小孩學習之外，「故事城堡」同時向外擴散到父母教育及老師教育。因為如果父母與老師的觀念不改，那麼孩子也不會改變。高立說：

「故事城堡提供正確觀念，希望能影響整個社會，並提供老師新式的教學工具，讓孩子能快樂的學習。」

目前台灣面臨少子化的危機，也就是教育機構的大危機。當和朋友談起他想成立「故事城堡」時，很多人都提醒高立：

「台灣的家長都只重視孩子的升學，什麼聽故事還要付錢，這怎麼可能？」

但是，這些提醒對高立來說，卻成了一個大好的機會。為什麼？

因為高立設定的顧客群，是針對目前「七年級」左右的「年輕家長」，也就是當初台灣經濟環境最好時所生長的一代。

認為這些「年輕家長」的經濟狀況好、觀念新潮，成為年輕的父母後，對教育的觀念一定與前一世代不同。

所以，「故事城堡」透過說故事的方式，來教育孩童並引發學習興趣，這個概念要讓年輕一輩的家長接受，應該不是難事。

至於大陸那裡，因為經歷過文化大革命，所以台灣反而成了保存中國文化的寶地。如今台灣的教育品牌，在大陸反而吃香。

除此之外，大陸因為一胎化，家長都願意給孩子最好的。所以，「故事城堡」在大陸發展，也是相當順利。

不過，雖然大陸與台灣同文同種，但是小至日常用語，大至價值觀，都還有不小的差異。

「故事城堡」目前的作法，除了將教材針對兩岸的差異，分別「在地化」之外，還只是以授權給大陸的方式在對岸經營，將know how根留台灣。

「故事城堡」並不在意「山寨版」的問題，因為在師資、商品與服務各環節，都會不斷推出更新，自然比較不擔心仿冒的問題。

在台灣的品牌策略上，「故事城堡」並不是做「加盟」，而是要做「結盟」。「結盟」是以完整的資源，可以被信服的產品，吸引了許多合作者往這個品牌靠。藉由相同的教育理念，將會有更多的合作夥伴，在台灣遍地開花。

因此，台灣的補教機構透過「結盟」，可以採購故事城堡的教具和教法，透過雙品牌合作，傳遞「故事城堡」是輕鬆開心的學習理念，但教材卻不與現有的教育機構衝突。

在使用上無限制，除了能提高教育機構的教育品質，無形中也強化了品牌自身的價值。

高立的另一個心願，是讓台灣人可以到國外發展「中文學習」。這樣的想法，是源自他在台灣的外語機構學英文時，外國老師會對學習的孩子說「No Chinese」來提升學習效果。

既然目前國外「學習中文的時代」已經來臨，高立在二〇一〇年在溫哥華，也設立了兩間故事城堡。他發現華裔的孩子，更喜歡用輕鬆的方式學中文。

「故事城堡」強調要用語文來帶文化，因為故事有強大滲透人心的能力，在溫哥華的華裔學生，學習的效果非常棒。

回憶這一路走來，高立堅持要「與眾不同」，就如他所堅持的：

「如果你想了一個主意，人人都贊成，請打消這個念頭。因為最好的主意，應該是讓大家意想不到的。」

一個「潮派」創業家的心聲

把每個細節精緻化，
讓自己和消費者都能一直進步，
這才是文化的魅力，
也就是文化的商機。

吳道弘，大家叫他Mok。四年前，他還是某家上市公司的網站及平面設計師。後來，吳道弘卻毅然決然地走出了「舒適區」，放棄了相當安穩的工作。出於想要「自創品牌」的慾望，他在公館巷弄裡，開起了第一家「潮」店。

目前，吳道弘的Goodforit Taipei，不只代理了九個美、日的知名潮服T-SHIRT品牌，也自創品牌UNLEASH，深受潮男潮女的歡迎。

吳道弘從小就對「街頭文化」很有興趣。因為十四歲時，他已經是紐西蘭的小留學生，在當地學設計。

畢業之後，待過小的設計公司，也在大型資訊公司服務過。工作五、六年後，他卻發覺商業設計雖然不會令他討厭，待遇也不差，但已經越來越失去當初學設計的熱情。

當時吳道弘二十幾歲，每個月五號固定薪水進帳後，感覺還滿安逸的。不過，他忍不住開始想：

「這樣下去，三十歲時怎麼辦？三十五歲之後又怎麼辦？」

吳道弘害怕到那時候，沒有自己的作品，又不是藝術家，像現在這樣越來越安逸，也不必主動吸收新的技術，總有一天會被淘汰。

自己現在這個工作，不就是因為那些三十歲、四十歲的設計師被淘汰後，他才得以上來的。一想到這裡，他就愈想愈焦慮。

所以，到了二十六歲時，吳道弘毅然決定要自己試試看，投入從小對街頭文化、次文化這一塊的潮T-SHIRT設計開始。吳道弘笑說：

「當初我很單純的，只想搭造出一個能發揮設計的空間，但從沒有想到，開店做老闆會這麼辛苦。」

吳道弘二十六歲時準備了差不多兩百萬，投入街頭流行T-SHIRT這一塊市場。

一開始，只是每天待在朋友店裡面觀察這個生態。他分析自己，覺得本身偏向設計能力居多，但業務開發的能力則明顯不足。吳道弘認為：

「不管代理他人品牌或自創品牌，沒有通路，第一步都會非常艱辛。所以，我要把資金用來開設屬於自己的店鋪通路。」

開店初期，馬上就面臨到很多問題，包括店裡要賣什麼風格品牌？針對哪一塊消費市場？這都只是大方向。

其他細部的問題還包括，員工會不會銷售？怎麼訓練？這些問題都是遇到了才開始頭痛。吳道弘苦笑說：

「以前自己是員工，創業後，當然會知道員工怎麼想；但要怎麼當老闆，這就沒人教你了。」

一開始他只把員工當同事、朋友，但完全沒想過，會遇到很多亂七八糟的員工，做出很多讓他傻眼的事。

再來，則是一同創業的夥伴，要怎麼樣把好話、醜話都講清楚？有沒有模糊空間？一同創業的夥伴想的是不是跟你一樣？

以前在公司做什麼都可以問，都可以和同事商量，但自己做老闆之後，還可以問誰？就算到處問，最後還是要下決定，沒人會幫你分析和負責。

還有，以前是時間到了，薪水就進戶頭，自己做可就沒有了。當老闆的，每天都不知道下個月，甚至明天的錢在哪邊；加上大大小小的支出等你看著辦，每一筆開銷要怎麼去算？怎麼去計畫你近期、中期的資金運用，這些都是創業開始要克服的難題。

等這些疑惑都釐清後，開店大概兩年了。事業比較穩定之後，吳道弘開始想要把自己喜歡的街頭文化扎根更深。

因為潮流文化這個市場，本來就是從日本原宿、美國加州等地區延伸而來，再加上自己接觸這一行，也是從這些品牌開始的，所以他有了代理品牌的想法。吳道弘說：

「日本人非常龜毛，你想代理他的品牌，他可能要飛來台灣看你的店、賣的品牌，每一季可能都還要在他發表之前飛去日本，一件一件講解他是怎麼做的，每一篇介紹他商品的文案他可能都會請人翻譯來看，非常非常的細，而在台灣跟日本美國的作法又很不一樣，所以要開始去學在他們當地的同行習慣是什麼？他們要看的是什麼？」

吳道弘在代理第一個日本品牌時，就吃了不少苦頭。他寫了將近三十次的信給對方，用不同的角度說服對方，但一直石沉大海，對方毫無回應。

到了他幾乎快要放棄的時候，對方卻來信要求吳道弘飛過去日本看展覽。吳道弘回憶說：

「那是我最窮的時候，連機票都是一張卡兩千、一張卡幾千的刷，拼拼湊湊才成行。」

不過再苦也撐過來了！目前Goodforit Taipei代理了九個大品牌，都跟街頭文化的設計有關。吳道弘說：

「街頭文化有一種與生俱來的自信，他們的標語、設計都是有歷史來由的，操作起來就是那樣的自然率性。不過，日本人還是把每件事情做得非常細膩，做到好、做到極致。」

但「潮」不等於是亂七八糟，吳道弘說：

「潮流文化的最主要精神，就是把街頭服飾精品化，還有不設限的跨領域合作，吸引各種領域的人。」

在吳道弘的觀察裡，目前台灣對於這個概念還差一點，往往都只是想快快賺錢，以致過於氾濫地操作商業行為。

吳道弘一直想要在店面和品牌的經營上，與日本、美國的觀念看齊，講究文化的追求，和把每個細節精緻化，他說：

「從店鋪經銷，第二年開始代理國外品牌，到了去年推出屬於我們自己的品牌，目前Goodforit Taipei店鋪通路就是以自己品牌和代理為主，也開始在全省配合經銷，店務現在幾乎都交給店長打理。」

吳道弘和品牌的合夥人，則是專心做設計、行銷、商品製造和業務開發等工作。關於潮流文化的商業經營的人脈經營部分，吳道弘說：

「從事我們這行，基本上會遇到很多人，大都是屬於流行產業的朋友。」

不論是藝人、造型師、音樂人，以及在一次一次大小活動中認識各種媒體、公關人員，代理品牌，就會接觸到許多國外的同行朋友。

街頭文化這一塊，本來就是屬於比較年輕、比較需要新鮮感的族群，所以要怎麼「不」每天耗在夜店之類的地方瞎混，需要有自我認知。

通常做這一塊市場的人，基本上都是喜歡這個文化，所以接觸到的朋友大部分都會互相幫忙，當你遇到事情的時候，同行也都會伸出援手，有點像是一個「兄弟會」的感覺。談到未來的發展，吳道弘坦白說：

「不是企圖心，應該說危機感！我常想：你在你目前的位置覺得夠了嗎？」

吳道弘這句話不是在講金錢上的獲得，而是要問自己在目前的位置還能做多久？三年？五年？一輩子嗎？

所以，Goodforit Taipei應該會在服飾上繼續扎根，繼續開設通路、代理品牌、製造不同價位的自有品牌，滿足不同客群、並開發更多經銷店鋪，甚至希望在三年內再往代工廠、五年內往布料那一方面去接觸。吳道弘說：

「在我的觀念裡，越接近源頭才能做越久。當然，還有上下一條線的經營模式，也是我很重視的。」

剛滿三十歲的他，以超齡的成熟眼神篤定的說：

「與其只想快快賺錢，氾濫使用過於商業的操作行為，不如在店面和品牌的經營上，更講究文化的追求。」

這位「潮派」創業家，也語重心長的告訴其他徘徊在創業之路上的後進：

「把每個細節精緻化，讓自己和消費者都能一直進步，這才是文化的魅力，也就是文化的商機。」

職場2勢力

國家圖書館出版品預行編目資料

職場2勢力 / 邱文仁 黃至堯著 --第一版.--
臺北市：文經社, 2012.2
面；公分.--（文經文庫；A283）
ISBN 978-957-663-661-5（平裝）
1.職場成功法　2.職業流動　3.生涯規劃
494.35　　101000734

著作人	邱文仁　黃至堯
發行人	趙元美
社長	吳榮斌
主編	管仁健
執行編輯	劉曉頤
行銷企劃	劉欣怡
美術編輯	顏一立
出版者	文經出版社有限公司
登記證	新聞局局版台業字第2424號
〈總社・編輯部〉	
社址	104 台北市建國北路二段66號11樓之一（文經大樓）
電話	(02)2517-6688
傳真	(02)2515-3368
e-mail	cosmax.pub@msa.hinet.net
〈業務部〉	
地址	241 新北市三重區光復路一段61巷27號11樓A（鴻運大樓）
電話	(02)22783158・22782563
傳真	(02)22783168
e-mail	cosmax27@ms76.hinet.net
郵撥帳號	05088806 文經出版社有限公司
新加坡總代理	Novum Organum Publishing House Pte Ltd　Tel：65-6462-6141
馬來西亞總代理	Novum Organum Publishing House(M)Sdn. Bhd.　Tel：603-9179-6333
印刷所	松霖彩色印刷有限公司
法律顧問	鄭玉燦律師　Tel：(02)2915-5229
定價	220元
發行日	2012年 3 月 第一版 第 1 刷

文經樂讀網 www.cosmax.com.tw/　**文經社 Facebook** www.facebook.com/cosmax.co